高等院校电脑美术教材

# 中文版Illustrator CS6技能实训案例教程

王 蕾 田 蓉 主 编

盛春宇 蔡广艳 叶 华 副主编

清华大学出版社

北 京

## 内 容 简 介

本书以实例为载体，详细地介绍了如何利用 Illustrator CS6 的各种功能创建图形或编辑图像，以及制作出与众不同的精美效果，语言通俗易懂。通过对本书的学习，可以使读者比较全面地掌握软件中的理论知识，掌握软件中的各种操作方法和技巧，以便在之后的实践中能够灵活应用，实现创作理想。

本书可作为电脑平面设计人员、电脑美术爱好者以及与图形图像设计相关的工作人员的学习、工作参考用书。

**图书在版编目(CIP)数据**

中文版 Illustrator CS6 技能实训案例教程/王蕾，田蓉主编. --北京：清华大学出版社，2014
高等院校电脑美术教材
ISBN 978-7-302-37652-1

Ⅰ. ①中… Ⅱ. ①王… ②田… Ⅲ. ①图形软件—高等学校—教材 Ⅳ. ①TP391.41

中国版本图书馆 CIP 数据核字(2014)第 186468 号

责任编辑：秦　甲
封面设计：杨玉兰
责任校对：王　晖
责任印制：何　芊

出版发行：清华大学出版社
　　　　　网　　　址：http://www.tup.com.cn，http://www.wqbook.com
　　　　　地　　　址：北京清华大学学研大厦 A 座　　　邮　　编：100084
　　　　　社 总 机：010-62770175　　　　　　　　　邮　　购：010-62786544
　　　　　投稿与读者服务：010-62776969，c-service@tup.tsinghua.edu.cn
　　　　　质 量 反 馈：010-62772015，zhiliang@tup.tsinghua.edu.cn
　　　　　课 件 下 载：http://www.tup.com.cn,010-62791865
印 装 者：北京嘉实印刷有限公司
经　　销：全国新华书店
开　　本：185mm×260mm　　　印　张：17.75　　　字　数：428 千字
　　　　　（附光盘 1 张）
版　　次：2014 年 9 月第 1 版　　　　　　　印　次：2014 年 9 月第 1 次印刷
印　　数：1～3000
定　　价：39.00 元

产品编号：059380-01

# 前　言

　　Illustrator 是由 Adobe 公司研发的一款优秀的平面设计类软件，Illustrator CS6 是最新版本，它功能齐全，集矢量绘图与排版功能于一身，非常实用。Illustrator CS6 较之以前的版本而言，在使用界面与操作性能等方面都进行了改进与增强，也增加了一些新的功能。该软件在海报、VI 设计、广告、画册、网页图形制作等诸多领域中都有着非常重要的应用。要想达到较高的设计水准，就必须认真学习 Illustrator CS6 各个方面的知识，做到对软件有一个全面的了解。

　　本书以实例为载体，展示了 Illustrator CS6 软件各项功能的使用方法和技巧，也展示了如何使用该软件来创建和制作各种不同效果。

　　根据编者对此软件的理解与分析，将本书划分为 10 个模块。在模块 1 中，以理论和实际相结合的方法介绍 Illustrator CS6 中的基础知识，主要包括图形图像及印刷基本知识、Illustrator CS6 工作界面、个性化界面、图像的显示、文件的基本操作、自定义快捷键、Adobe Bridge 应用等。从模块 2 至模块 9，详细介绍 Illustrator CS6 中的各项功能，这些知识点都是以实例的方式来表现的，可以让读者在实际操作中进行学习，从而能够更快地理解各知识点，较之文字理论类书籍，会比较灵活。这些内容包括绘制编辑图形、绘制编辑路径、对象的操作、颜色填充与描边编辑、文本的处理、图表的编辑、高级应用技巧、滤镜和效果的使用等。在模块 10 中，编者加入了打印和 PDF 文件输出的相关知识，为设计完成后的输出工作提供了一些知识点作为参考，主要包括安装 PostScript 打印机、设置打印选项、PDF 文件制作等内容。

　　本书在每个模块的具体内容中也进行了十分科学的安排，首先介绍了知识结构，然后紧跟具体内容，为读者的学习提供了非常明确的信息与步骤安排。

　　本书由王蕾、田蓉主编，盛春宇、蔡广艳、叶华副主编，参与本书编写工作的还有尚峰等。由于全书整理时间仓促，书中难免有失误，望广大读者提出批评建议。读者可将意见和建议发至邮箱：41150009@qq.com，我们将在最短的时间内予以回复。

编　者

# 目　　录

# 模块 01　设计与制作教育机构名片
## ——Illustrator CS6 快速入门

**能力目标**

1. 掌握新建与打开文件的方法
2. 掌握设计制作名片的操作

**软件知识目标**

1. 掌握新建与打开文件的方法
2. 掌握页面辅助工具的使用方法
3. 掌握首选项的设置

**专业知识目标**

1. 了解 Illustrator 工作组界面的组件
2. 了解菜单栏、工具栏和调板
3. 掌握管理和控制视图的方法

**课时安排**

2 课时(讲 1 课时，实践 1 课时)——(完成模拟制作任务和掌握入门知识 1 课时，完成独立实践任务 1 课时)

## 模拟制作任务　1 课时

**任务背景**

英才书画儿童教育培训机构，近期接到省教育厅的通知，要在 5 月份组织人员去杭州参加儿童学龄前教育学术交流活动。为提升该培训机构的知名度，打造企业形象，该机构校长委托本公司对任职教师的名片进行设计。

**任务要求**

设计画面要清新自然，既要体现本培训机构认真严谨的作风，又要表达出专注于儿童教育这一行业的特点。图案的选取和颜色的搭配要符合大众的审美观，突出英才书画儿童教育机构的名称，提升企业的形象。

**任务分析**

无规矩不成方圆，因此决定采用以矩形为主的画面分割方式，来体现本机构严谨的作风和认真的工作态度。名片的正面以白色为主，这样会使文字更加清楚，使人一目了然，教师的名字和机构名称使用湖蓝色字体，达到醒目和提示的作用。蓝色具有理智、准确的意象，在商业设计中强调科技高效率的企业形象，所以背面也用蓝色作标准色，体现教育机构这一行业的特点。选取红、黄、蓝、绿的发散式图形作为图案，代表儿童天真活泼的个性，传达儿童教育的特质。

### 本案例的难点

对齐正方形是本实例的难点。首先创建一正方形使其与矩形对齐，其次在【首选项】对话框中设置键盘增量参数，移动正方形，然后打开标尺并创建参考线，最后绘制作为文字衬底的矩形与参考线对齐。

### 点拨和拓展

名片又称卡片，中国古代称名刺，是标示姓名及其所属组织、公司单位和联系方法的纸片，是新朋友互相认识、自我介绍最快捷有效的方法。交换名片是商业交往的第一个标准官式动作。

### 任务参考效果图

## 操作步骤详解

(1) 执行【文件】→【新建】命令，创建一个新文件，如图 1-1 所示。

(2) 选择【矩形工具】并在视图中单击，参照图 1-2 所示，在弹出的【矩形】对话框中进行设置，然后单击【确定】按钮，创建矩形。单击选项栏中的【水平居中对齐】和【垂直居中对齐】按钮，使矩形与"画板 1"中心对齐。

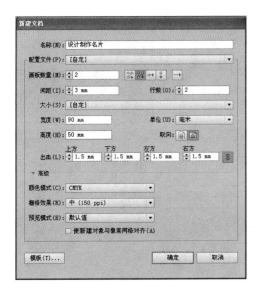

图 1-1

图 1-2

(3) 继续绘制矩形，参照图 1-3 所示，设置对齐方式为"对齐所选对象"，同时选中上一步创建的矩形与当前创建的矩形，单击【水平左对齐】 和【垂直居中对齐】 按钮，使矩形对齐。

(4) 单击选项栏中的【首选项】按钮，参照图 1-4 所示，在弹出的对话框中设置"键盘增量"的参数。

图 1-3

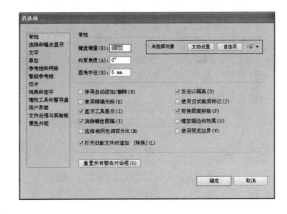

图 1-4

(5) 选中正方形，按两次键盘上向右的箭头移动图形，如图 1-5 所示。

(6) 单击【色板】底部的【"色板库"菜单】 按钮，在弹出的对话框中选择【图案】→【装饰】→【Vonster 图案】选项，参照图 1-6 所示，在弹出的调板中设置图案填充。

(7) 在【外观】调板中将图案填色拖动至调板底部的【复制所选项目】 按钮上复制填色，参照图 1-7 所示，更改颜色为灰色(C:0，M:0，Y:0，K:10)。

(8) 执行【视图】→【标尺】→【显示标尺】命令，然后执行【视图】→【智能参考线】命令，参照图 1-8 所示，从标尺中拖动并创建参考线。

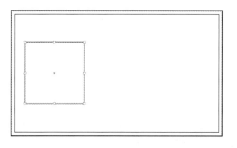

图 1-5

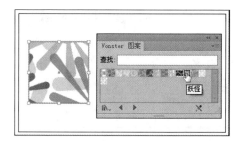

图 1-6

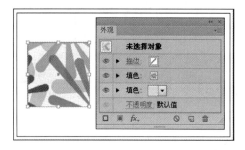

图 1-7

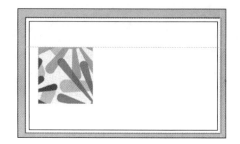

图 1-8

(9) 参照图 1-9 所示，继续创建矩形，并对齐参考线。

(10) 使用前面介绍的方法创建矩形，如图 1-10 所示。

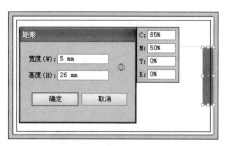

图 1-9

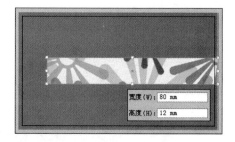

图 1-10

(11) 执行【文件】→【打开】命令，打开附带光盘中的"第 01 章\文字.ai"文件，将其拖至当前正在编辑的文档中，如图 1-11 所示，完成本实例的操作。

图 1-11

# 知识点扩展

## 01　认识图形图像

　　了解和掌握矢量图形、位图图像、分辨率、文件格式这些重要概念有助于读者对 Illustrator 软件的学习，也是进行更为复杂操作行为的前提。

### 1. 矢量图形和位图图像

　　在使用计算机进行绘图时，经常会用到矢量图形和位图图像这两种不同的表现形式。在 Illustrator CS6 软件中，不但可以制作出各式各样的矢量图形，还可以处理导入的位图图像。

　　1)　矢量图形

　　矢量图形又称为向量图形，内容以线条和颜色块为主。由于矢量图形的线条的形状、位置、曲率和粗细都是通过数学公式进行描述和记录的，因而与分辨率无关，能以任意大小输出，不会遗漏细节或降低清晰度，更不会出现锯齿状的边缘现象，而且图像文件所占的磁盘空间也很少，非常适合网络传输。网络上流行的 Flash 动画采用的就是矢量图形格式。矢量图形在标志设计、插图设计以及工程绘图上占有很大的优势。制作和处理矢量图形的软件有 Illustrator、CorelDRAW 等，绘制的矢量图形如图 1-12 所示。

　　2)　位图图像

　　位图图像又称为点阵图像，它是由许许多多的称为像素的点组成的。这些不同颜色的点按一定次序进行排列，就组成了色彩斑斓的图像，如图 1-13 所示。当把位图图像放大到一定程度显示时，在计算机屏幕上就可以看到一个个的小色块，这些小色块就是组成图像的像素。位图图像是通过记录每个点(像素)的位置和颜色信息来保存的，因此图像的像素越多，每个像素的颜色信息越多，图像文件也就越大。

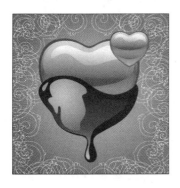

图 1-12

图 1-13

> **提示**
>
> 　　位图图像与分辨率有关。当位图图像在屏幕上以较大的放大倍数显示或以过低的分辨率打印时，就会看见锯齿状的图像边缘。因此，在制作和处理位图图像之前，应首先根据输出的要求调整好图像的分辨率。制作和处理位图图像的软件有 Photoshop、Painter 等。

### 2. 分辨率

分辨率对于数字图像非常重要，其中涉及图像分辨率、屏幕分辨率和打印分辨率三种概念，下面分别予以介绍。

1) 图像分辨率

图像分辨率即图像中每单位长度含有的像素数目，通常用像素/英寸表示。分辨率为72 像素/英寸的图像，表示 1 英寸×1 英寸的图像范围内总共包含了 5184 个像素点(72 像素宽×72 像素高=5184)。同样是 1 英寸×1 英寸，分辨率为 300 像素/英寸的图像却总共包含了90 000 个像素。因此，分辨率高的图像比相同尺寸的低分辨率图像包含的像素更多，因而图像更清晰、细腻。

> **提 示**
>
> 分辨率并不是越大越好，分辨率越大，图像文件就越大，在处理时所需的内存和 CPU处理时间也就越多。

2) 屏幕分辨率

屏幕分辨率即显示器屏幕上每单位长度显示的像素或点的数量，通常以点/英寸(dpi)来表示。屏幕分辨率取决于显示器的大小及其像素设置。了解屏幕分辨率有助于解释图像在屏幕上的显示尺寸不同于其打印尺寸的原因。显示时图像像素直接转换为显示器像素，这样当图像分辨率比屏幕分辨率高时，在屏幕上显示的图像比其指定的打印尺寸大。

3) 打印分辨率

打印分辨率即激光打印机(包括照排机)等输出设备产生的每英寸的油墨点数(dpi)。大多数桌面激光打印机的分辨率为 300dpi 到 600dpi，而高档照排机能够以 1200dpi 或更高的分辨率进行打印。

> **提 示**
>
> 如何决定图像的分辨率，应考虑图像的最终用途，根据用途为图像设置不同的分辨率。如果所制作的图像用于网络，分辨率只需满足典型的屏幕分辨率(72dpi 或 96dpi)即可；如果图像用于打印、输出，则需要满足打印机或其他输出设备的要求；如果图像用于印刷，图像分辨率应不低于 300dpi。

### 3. 文件格式

文件格式是指使用或创作的图形、图像的格式，不同的文件格式拥有不同的使用范围。下面对 Illustrator CS6 中常用的文件格式进行介绍。

1) AI(*.AI)格式

AI 格式是 Illustrator 软件创建的矢量图格式，AI 格式的文件可以直接在 Photoshop 软件中打开，打开后的文件将转换为位图格式。

2) EPS(*.EPS)格式

EPS 是 Encapsulated PostScript 首字母的缩写，可以说是一种通用的行业标准格式。除了多通道模式的图像之外，其他模式都可存储为 EPS 格式，但是它不支持 Alpha 通道。EPS 格式可以支持剪贴路径，可以产生镂空或蒙版效果。

3)　TIFF(*.TIFF)图像格式

TIFF 格式是印刷行业标准的图像格式，通用性很强，几乎所有的图像处理软件和排版软件都提供了很好的支持，因此广泛用于程序之间和计算机平台之间进行图像数据交换。TIFF 格式支持 RGB、CMYK、Lab、索引颜色、位图和灰度颜色模式，并且在 RGB、CMYK 和灰度 3 种颜色模式中还支持使用通道、图层和路径。

4)　PSD(*.PSD)格式

PSD 格式是 Adobe Photoshop 软件内定的格式，也是 Photoshop 新建和保存图像文件默认的格式。PSD 格式是唯一可支持所有图像模式的格式，并且可以存储在 Photoshop 中建立的所有图层、通道、参考线、注释和颜色模式等信息，这样下次继续进行编辑时就会非常方便。因此，对于没有编辑完成、下次需要继续编辑的文件最好保存为 PSD 格式。

> **提 示**
>
> 当然，PSD 格式也有其缺点，由于保存的信息较多，与其他格式的图像文件相比，PSD 保存时所占用的磁盘空间要大得多。此外，由于 PSD 是 Photoshop 的专用格式，许多软件(特别是排版软件)都不能直接支持，因此，在图像编辑完成之后，应将图像转换为兼容性好并且占用磁盘空间小的图像格式，如 TIFF、JPG 格式。

5)　GIF(*.GIF)格式

GIF 格式也是一种非常通用的图像格式，由于最多只能保存 256 种颜色，并且使用 LZW 压缩方式压缩文件，因此 GIF 格式保存的文件非常轻便，不会占用太多的磁盘空间，非常适合在 Internet 上传输。

在将图像保存为 GIF 格式之前，需要先将其转换为位图、灰度或索引颜色等颜色模式。GIF 采用两种保存格式，一种为"正常"格式，可以支持透明背景和动画格式；另一种为"交错"格式，可以让图像在网络上由模糊逐渐转为清晰的方式显示。

6)　JPEG(*.JPEG)图像格式

JPEG 是一种高压缩比的、有损压缩真彩色图像文件格式，其最大特点是文件比较小，可以进行高倍率的压缩，因而在注重文件大小的领域应用广泛，比如网络上的绝大部分要求高颜色深度的图像都是使用 JPEG 格式。JPEG 格式是压缩率最高的图像格式之一，这是由于 JPEG 格式在压缩保存的过程中会以失真最小的方式丢掉一些肉眼不易察觉的数据，因此保存后的图像与原图像会有所差别，没有原图像的质量好，一般在印刷、出版等要求高的场合不宜使用。

> **提 示**
>
> JPEG 格式支持 CMYK、RGB 和灰度颜色模式，但不支持 Alpha 通道。在 JPEG 格式图像保存选项对话框中，在【图像选项】栏可以选择图像的压缩品质和压缩大小，图像品质越高，压缩比率就会越小，图像文件也就越大。若选中【预览】选项，在【大小】栏可查看保存后的文件大小和在指定的网速下下载该图像所需的时间。

7)　PDF(*.PDF)格式

Adobe PDF 是 Adobe 公司开发的一种跨平台的通用文件格式，能够保存任何源文档的字体、格式、颜色和图形，而不管创建该文档所使用的应用程序和平台，Adobe Illustrator、Adobe PageMaker 和 Adobe Photoshop 程序都可直接将文件存储为 PDF 格式。Adobe PDF 文件为压缩文件，任何人都可以通过免费的 Acrobat Reader 程序进行共享、查看、导航和打印。

8) BMP(*.BMP)格式

BMP 是 Windows 平台标准的位图格式，使用非常广泛，一般的软件都提供了非常好的支持。BMP 格式支持 RGB、索引颜色、灰度和位图颜色模式，但不支持 Alpha 通道。保存位图图像时，可选择文件的格式(Windows 操作系统或 OS 苹果操作系统)和颜色深度(1～32 位)，对于 4～8 位颜色深度的图像，可选择 RLE 压缩方案，这种压缩方式不会损失数据，是一种非常稳定的格式。BMP 格式不支持 CMYK 颜色模式的图像。

9) PNG(*.PNG)图像格式

PNG 是 Portable Network Graphics(轻便网络图形)的缩写，是 Netscape 公司专为互联网开发的网络图像格式，不同于 GIF 格式图像的是，它可以保存 24 位的真彩色图像，并且支持透明背景和消除锯齿边缘的功能，可以在不失真的情况下压缩保存图像，但由于并不是所有的浏览器都支持 PNG 格式，所以该格式的使用范围没有 GIF 和 JPEG 广泛。

**提 示**

PDF 格式除支持 RGB、Lab、CMYK、索引颜色、灰度和位图颜色模式外，还支持通道、图层等数据信息。

PNG 格式在 RGB 和灰度颜色模式下支持 Alpha 通道，但在索引颜色和位图模式下不支持 Alpha 通道。

## 02 初识 Illustrator

Illustrator 是一个矢量绘图软件，它可以创建出光滑、细腻的艺术作品，如插画、广告图形等，因为其可以和 Photoshop 几乎无障碍地配合使用，所以是众多设计师、插画师的最爱，其最新的版本是 Illustrator CS6。

**提 示**

Illustrator 与 Photoshop 同是 Adobe 公司的产品，它们有着类似的操作界面和快捷键，并能共享一些插件和功能，实现无缝连接。

### 1. Illustrator 与 Photoshop

如果说 Illustrator 与 Photoshop 是平面设计的两根筷子，那么少了哪一个都吃不到饭。在设计创作的时候，可以配合使用这两个软件。下面来谈一谈它们之间的区别和联系。

Illustrator 是绘制矢量图的利器，在制作矢量图形上有着无与伦比的优势，它在图形、卡通、文字造型、路径造型上非常出色，如图 1-14 所示的标志图形就是用它绘制的。但该软件在抠取图片、渐隐、色彩融合、图层等方面的功能上，相比较 Photoshop 而言较弱。

图 1-14

　　Photoshop 主要用于处理和修饰图片，在创作时，可以利用其强大的功能，制作出色彩丰富、细腻的图像，还可以创建出写实的图像、流畅的光影变化、过度自然的羽化效果等，总之可以创建出变化无穷的图像效果，如图 1-15 所示。

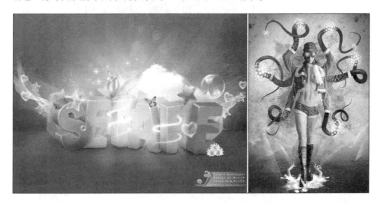

图 1-15

　　Photoshop 在文字排版、字体变形、路径造型修改等方面要欠缺一些，而这些不足，正好可以使用 Illustrator 来弥补。图 1-16 所示为使用 Illustrator 和 Photoshop 共同创作的设计作品。

图 1-16

## 2. Illustrator 可以干什么

Illustrator 在矢量图绘制领域是无可替代的一个软件，可用于平面设计、版面排版设计、插画设计等可以使用矢量图创作的一切应用类别。可以说，只要能想象得到的图形，都可以通过该软件创建出来。

1) 平面设计

平面设计，如广告设计、海报设计、标志设计、POP 设计、封面设计等，都可以使用 Illustrator 软件直接创建或是配合创作，示例效果如图 1-17 所示。

图 1-17

2) 版面排版设计

Illustrator 作为一个矢量绘图软件，也提供了强大的文本处理和图文混排功能。它不仅可以创建各种各样的文本，也可以像其他文字处理软件一样排版大段的文字，而且最大的优点是可以把文字作为图形进行处理，创建绚丽多彩的文字效果。示例效果如图 1-18 所示。

图 1-18

3) 插画设计

到目前为止，Illustrator 依旧是很多插画设计师追捧的绘制利器，利用其强大的绘制功能，不仅可以实现各种图形效果，还可以使用众多的图案、笔刷，实现丰富的画面效果，如图 1-19 所示。

图 1-19

## 03    Illustrator CS6 工作界面

Illustrator CS6 的工作界面主要由菜单栏、控制面板、工具箱、标尺、页面区域、绘图工作区、状态栏、调板组成，如图 1-20 所示。

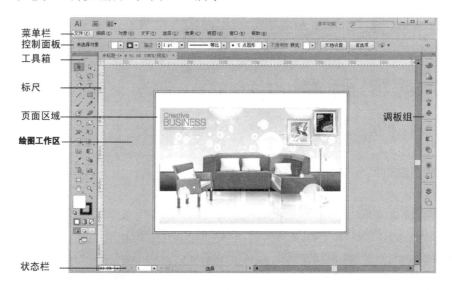

图 1-20

提 示

工具箱中有大量具有强大功能的工具，使用这些工具可以在绘制和编辑图形的过程中制作出精彩的效果。

工具箱中的许多工具并没有直接显示出来，而是以组的形式隐藏在右下角带小三角形的工具按钮中，用鼠标按住该工具不放即可展开工具组，其效果如图 1-21 所示。

例如，用鼠标按住【钢笔工具】，将展开钢笔工具组；用鼠标单击钢笔工具组右边的黑色三角形，钢笔工具组就从工具箱中分离出来，成为一个相对独立的工具栏，如图 1-22

所示。

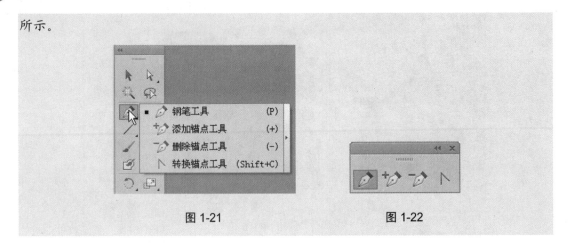

图 1-21                                             图 1-22

下面简要介绍 Illustrator CS6 工作界面中各部分的主要功能和作用。

- **菜单栏：**包括【文件】、【编辑】、【视图】和【窗口】等 9 个主菜单，每一个菜单又包括多个子菜单，通过应用这些命令可以完成大多数常规的编辑操作。
- **控制调板：**可以快速访问与所选对象相关的选项，其中显示的选项与所选的对象或工具对应。例如，选择文本对象时，控制调板除了显示用于更改对象颜色的选项以外，还会显示文本格式选项。
- **工具箱：**包括 Illustrator CS6 中所有的工具，大部分工具还有其展开式工具栏，里面包含了与该工具功能相类似的工具，可以更方便、快捷地进行绘图与编辑。
- **标尺：**可以对图形进行精确的定位，还可测量图形的准确尺寸。
- **页面区域：**工作界面中间黑色实线围成的矩形区域，这个区域的大小就是用户设置的页面大小。
- **绘图工作区：**页面外的空白区域，和页面区域相同，可以使用绘制类工具在此区域自由地绘图。
- **状态栏：**显示当前文档视图的显示比例、当前正在使用的工具和时间、日期等信息。
- **调板：**Illustrator CS6 最重要的组件之一，在调板中可以设置数值和调节功能。调板是可以折叠的，可根据需要分离或组合，具有很大的灵活性。

> **提 示**
>
> 用鼠标按住某个调板的标题不放，向页面中拖动，拖动到调板组以外时，松开鼠标左键，将形成独立的调板，此时用鼠标单击调板上端的 ▶▶ 按钮，可展开调板。部分调板的左上角有一个 ▣ 按钮，单击该按钮，可使调板中的功能按钮全部显示、部分显示或不显示。

## 04　文件的基本操作

了解了软件的界面组成后，下面来看一下软件的一些基本操作，让我们从最基础的新建文件、打开文件、保存文件等操作开始学习该软件。

提 示

新建文件时，按下 Ctrl+Shift+N 组合键，可打开【从模板新建】对话框(见图 1-23)，从中可选择软件自带的模板进行设计创作。

图 1-23

### 1. 新建文件

启动 Illustrator CS6 软件，选择【文件】→【新建】命令或按 Ctrl+N 快捷键，弹出【新建文档】对话框，如图 1-24 所示设置参数后单击【确定】按钮即可新建文件。

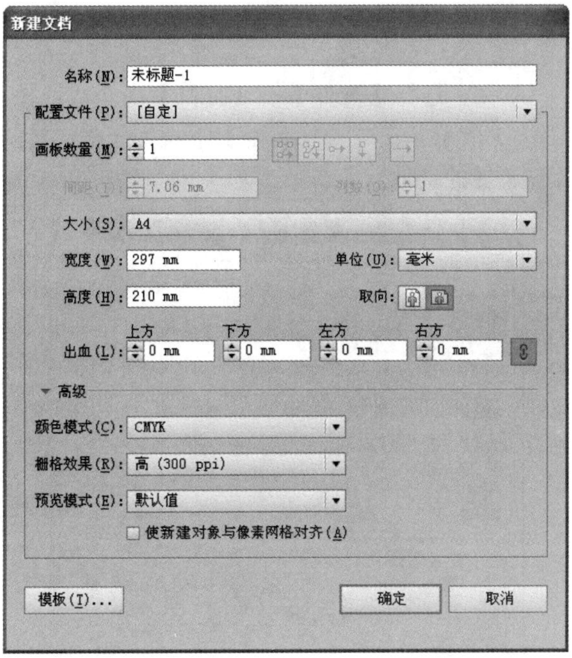

图 1-24

提 示

按下 Ctrl+Alt+N 快捷键，不用打开【新建文档】对话框，即可直接创建出一个新文件，其参数以上次设置的【新建文件】对话框为准。

【新建文档】对话框中的各项参数介绍如下。

- **名称**：可以在该文本框中输入新建文件的名称，默认状态下为"未标题-1"。
- **配置文件**：选择系统预定的不同尺寸类别。
- **画板数量**：定义视图中画板的数量，当创建两个或两个以上的画板时，可定义画板在视图中的排列方式、间隔距离等选项。
- **大小**：可以在下拉列表框中选择软件中已经预置好的页面尺寸，也可以在【宽度】和【高度】文本框中自定义文件尺寸。
- **单位**：在下拉列表框中选择文档的度量单位，默认状态下为"毫米"。
- **取向**：用于设置新建页面是竖向或横向排列。
- **出血**：可设置出血参数值，当数值不为 0 时，可在创建文档的同时，在画板四周显示设置的出血范围。
- **颜色模式**：用于设置新建文件的颜色模式。
- **栅格效果**：为文档中的栅格效果指定分辨率。
- **预览模式**：为文档设置默认预览模式，可以使用【视图】菜单更改此选项。

提 示

准备以较高分辨率输出到高端打印机时，应将【栅格效果】选项设置为【高(300ppi)】。

### 2. 打开文件

启动 Illustrator CS6 软件，选择【文件】→【打开】命令，或按 Ctrl+O 快捷键，弹出【打开】对话框，如图 1-25 所示。在【查找范围】下拉列表框中选择要打开的文件，单击【打开】按钮，即可打开选择的文件。

图 1-25

> **提 示**
>
> 【新建文档】对话框内的【预览模式】下拉列表框中，【默认值】模式是在矢量视图中以彩色显示在文档中创建的图稿，放大或缩小图稿时将保持曲线的平滑度。【像素】模式是显示具有栅格化(像素化)外观的图稿。它不会实际对内容进行栅格化，而是显示模拟的预览，就像内容是栅格一样。【叠印】模式提供油墨预览，模拟混合、透明和叠印在分色输出中的显示效果。

### 3. 保存文件

当第一次保存文件时，选择【文件】→【存储】命令，或按 Ctrl+S 快捷键，将弹出【存储为】对话框，如图 1-26 所示。在对话框中输入要保存文件的名称，设置保存文件的位置和类型。设置完成后，单击【保存】按钮，即可保存文件。

图 1-26

若是既要保留修改过的文件，又不想放弃原文件，则可以选择【文件】→【存储为】命令，或按 Ctrl+Shift+S 组合键，打开【存储为】对话框，在对话框中可以为修改过的文件重新命名，并设置文件的路径和类型。设置完成后，单击【保存】按钮，原文件保持不变，修改过的文件被另存为一个新的文件。

> **提 示**
>
> 当对图形文件进行了各种编辑操作并保存后，再选择【文件】→【存储】命令时，将不弹出【存储为】对话框，而直接保存最终确认的结果，并覆盖原始文件。

### 4. 关闭文件

选择【文件】→【关闭】命令，或按 Ctrl+W 快捷键，可将当前文件关闭。【关闭】命令只有当文件被打开时才呈现为可用状态。

**提 示**

　　和 Photoshop 一样，在 Illustrator 中新建一个文件后，若未作任何更改，则按下 Ctrl+W 快捷键可直接关闭空白文档。

　　单击文件名称右侧的【关闭】⊠按钮也可关闭文件，若当前文件被修改过或是新建的文件中绘制了图形，那么在关闭文件的时候就会弹出一个警告对话框，如图 1-27 所示。单击【是】按钮即可先保存对文件的更改再关闭文件，单击【否】按钮则不保存文件的更改而直接关闭文件。

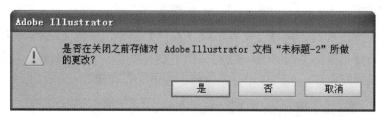

图 1-27

### 5. 置入文件

　　选择【文件】→【置入】命令，打开【置入】对话框，如图 1-28 所示。在对话框中，选择要置入的文件，然后单击【置入】按钮即可将选取的文件置入页面中。

图 1-28

**提 示**

　　使用【置入】命令可以将多种格式的图形、图像文件置入 Illustrator CS6 软件中，文件还可以以嵌入或链接的形式被置入，也可以作为模板文件置入。

【置入】对话框中的各项参数介绍如下。

- **链接：**选中【链接】复选框，被置入的图形或图像文件与 Illustrator 文档保持独立，最终形成的文件不会太大，当链接的原文件被修改或编辑时，置入的链接文件也会自动修改更新。默认状态下【链接】选项处于被选择状态。

- **模板：**选中【模板】复选框，可以将置入的图形或图像创建为一个新的模板图层，并用图形或图像的文件名称为该模板命名。

- **替换：**如果在置入图形或图像文件之前，页面中具有被选取的图形或图像，则选中【替换】复选框，可以用新置入的图形或图像替换被选取的原图形或图像。页面中如果没有被选取的图形或图像文件，【替换】复选框处于不可用状态。

> **提 示**
>
> 在置入文件时，若不选中【链接】复选框，置入的文件会嵌入到 Illustrator 软件中，形成一个较大的文件，并且当链接的文件被编辑或修改时置入的文件不会自动更新。

### 6. 导出文件

使用【导出】命令，可以将在 Illustrator 软件中绘制的图形导出为多种格式的文件，以便在其他软件中打开并进行编辑处理。选择【文件】→【导出】命令，弹出【导出】对话框，如图 1-29 所示。在【文件名】文本框中输入文件的名称，在【保存类型】下拉列表框中设置导出的文件类型，然后单击【保存】按钮，弹出一个对话框，设置所需要的选项后，单击【确定】按钮，完成导出操作。

**图 1-29**

> **提 示**
>
> 选择的导出文件类型不同，则弹出的导出选项对话框也不同。如图 1-30 所示，在导出为 PSD 格式时，可选中【写入图层】单选按钮，以保留图层，从而可以最大限度地保持文件的可编辑性。

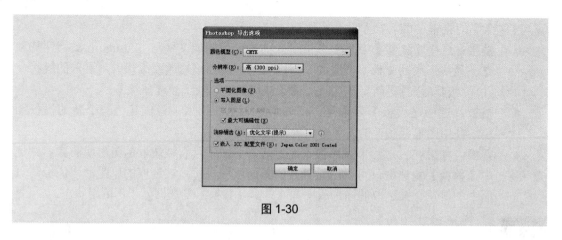

图 1-30

## 05 图形的显示

下面介绍 Illustrator CS6 中与视图相关的操作，这些基本操作命令都集中在【视图】菜单下，下面分成几部分进行介绍。

### 1. 视图模式

在 Illustrator CS6 中，绘制图像时可以选择不同的视图模式，即轮廓模式、叠印预览模式和像素预览模式。

1) 轮廓模式

选择【视图】→【轮廓】命令，或按 Ctrl+Y 快捷键，将切换到【轮廓】模式。在【轮廓】模式下，视图将显示为简单的线条状态，隐藏了图像的颜色信息，显示和刷新的速度将会比较快，从而可以节省运算速度，提高工作效率。

2) 叠印预览模式

选择【视图】→【叠印预览】命令，将切换到【叠印预览】模式。【叠印预览】模式可以显示出四色套印的效果，接近油墨混合的效果，颜色上比正常模式下要暗一些。

**提 示**

不同的预览模式参见图 1-31。

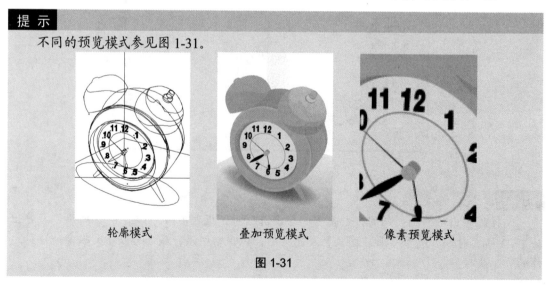

轮廓模式　　　　　　叠加预览模式　　　　　　像素预览模式

图 1-31

3) 像素预览模式

选择【视图】→【像素预览】命令，将切换到【像素预览】模式。【像素预览】模式可以将绘制的矢量图形转换为位图图像显示。这样可以有效地控制图像的精确度和尺寸等，转换后的图像在放大时会看见排列在一起的像素点。

### 2. 屏幕模式

Illustrator CS6 有 3 种屏幕显示模式，即标准屏幕模式、带菜单栏的全屏模式和全屏模式。

单击工具箱中的【更改屏幕模式】按钮 □ 可以切换屏幕显示模式，也可以按下键盘上的 F 键，在不同的屏幕显示模式之间进行切换。【标准屏幕模式】是在标准窗口中显示图稿，菜单栏位于窗口顶部，滚动条位于侧面。【带菜单栏的全屏模式】是在全屏窗口中显示图稿，有菜单栏但是没有标题栏或滚动条。【全屏模式】是在全屏窗口中显示图稿，不带标题栏、菜单栏或滚动条，按 Tab 键，可隐藏除图像窗口之外的所有组件。

### 3. 缩放视图

缩放视图是绘制图形时必不可少的辅助操作，可以让读者在大图和细节显示上进行切换。

1) 适合窗口大小

绘制图像时，选择【视图】→【画板适合窗口大小】命令，或按 Ctrl+0 快捷键，图像就会最大限度地显示在工作界面中并保持其完整性。

2) 实际大小

选择【视图】→【实际大小】命令，或按 Ctrl+1 快捷键，可以将图像按 100%的效果显示。

3) 放大

选择【视图】→【放大】命令，或按 Ctrl++快捷键，页面内的图像就会被放大。也可以使用【缩放工具】 🔍 放大显示图像，选择【缩放工具】 🔍 ，指针会变为一个中心带有加号的放大镜，单击鼠标，图像就会被放大。也可以使用状态栏放大显示图像，在状态栏中的百分比参数栏中选择比例值，或者直接输入需要放大的百分比数值，按 Enter 键即可执行放大操作。还可以使用【导航器】调板放大显示图像，单击调板下端滑动条右侧的三角图标，可逐级放大图像，拖动三角形滑块可以任意将图像放大。在左下角数值框中直接输入数值，按 Enter 键也可以放大图像。

4) 缩小

选择【视图】→【缩小】命令，或按 Ctrl+-快捷键，页面内的图像就会被缩小。也可以使用【缩放工具】 🔍 缩小显示图像，选择【缩放工具】 🔍 后，按住 Alt 键，图标变为 🔍 ，单击鼠标左键，图像就会被缩小。也可使用状态栏或【导航器】调板来实现视图的缩小操作，方法同上面介绍放大图像的操作相似，在此不再赘述。

---

提 示

　　用鼠标在水平标尺或垂直标尺上右击，会弹出如图 1-32 所示的度量单位快捷菜单，直接选择需要的单位，可以更改标尺单位。水平标尺与垂直标尺不能分别设置不同的单位。

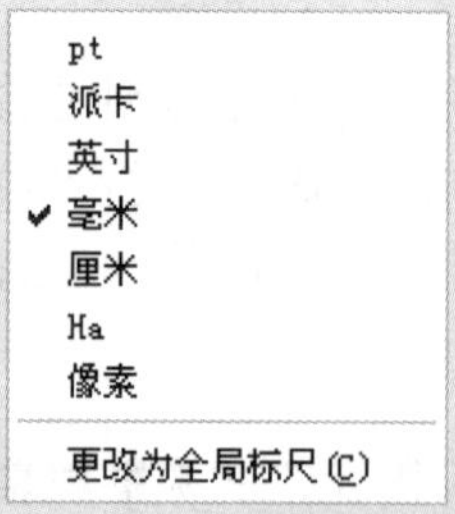

图 1-32

### 4. 移动页面

单击【抓手工具】后，在页面中单击并按住鼠标左键直接拖动可以移动页面。在使用除【缩放工具】以外的其他工具时，可以在按住空格键的同时在页面中单击鼠标左键，切换至【抓手工具】，然后拖动即可移动页面。可以使用窗口底部或右部的滚动条来控制窗口中显示的内容。

### 5. 标尺、参考线和网格

绘制图形时，使用标尺可以对图形进行精确的定位，还可以测量图形的准确尺寸，辅助线可以确定对象的相对位置，标尺和辅助线不会被打印输出。

1) 标尺

执行【视图】→【标尺】→【显示标尺】命令，或按 Ctrl+R 快捷键，当前图形文件窗口的左侧和顶部会出现带有刻度的标尺(X 轴和 Y 轴)。两个标尺相交的零点位置是标尺零点，默认情况下，标尺的零点位置在画板的左上角。标尺零点可以根据需要而改变，将鼠标指针移至视图中左上角标尺相交的位置，单击并向右下方拖曳，会拖出两条十字交叉的虚线，调整到目标位置后释放鼠标，新的零点位置就设定好了。

2) 参考线

在绘制图形的过程中，可以利用参考线对齐图形。参考线分为普通参考线和智能参考线，普通参考线又分为水平参考线和垂直参考线。

执行【视图】→【参考线】→【隐藏参考线】命令或按 Ctrl+;快捷键，可以隐藏参考线。

执行【视图】→【参考线】→【锁定参考线】命令，可以锁定参考线。

执行【视图】→【参考线】→【清除参考线】命令，可以清除所有参考线。

根据需要也可以将图形或路径转换为参考线，选中要转换的路径，选择【视图】→【参考线】→【建立参考线】命令，即可将选中的路径转换为参考线。

> **提 示**
>
> 双击标尺零点标记，可将标尺零点恢复到画板左上角的默认位置。

3) 网格

网格就是一系列交叉的虚线或点，通过它可以精确对齐和定位对象。选择【视图】→【显示网格】命令，可以显示出网格；选择【视图】→【隐藏网格】命令，可以将网格隐藏。

# 独立实践任务　1 课时

## 设计制作名片

### 任务背景

聆听·彼岸文化传播有限公司为宣传自身队伍、提升公司形象，委托某公司为其员工设计制作名片。

### 任务要求

画面为名片标准尺寸，以蓝色调为主，色彩绚丽并富有质感。

### 任务分析

背景使用蓝色星光质感背景，提升公司的形象。

### 任务参考效果图

# 习　　题

(1) 矢量图形是由_____构成的。

　　A. 像素　　　　　　　　　　　　B. 线

　　C. 分辨率　　　　　　　　　　　D. 颜色

(2) 位图图像是由多个_____构成的，它是图像的基本单位。

　　A. 像素　　　　　　　　　　　　B. 线

　　C. 分辨率　　　　　　　　　　　D. 颜色

(3) 在 Illustrator CS6 中对一个图形进行放大或缩小操作时，图形的显示效果与它的

_____没有关系。

    A. 平滑度                      B. 清晰度

    C. 曲度                        D. 分辨率

(4) 在 Illustrator CS6 的菜单栏中，一共包括_____个主菜单。

    A. 8个                      B. 9个

    C. 10个                    D. 11个

(5) 在【新建】菜单中，_____是设置出血线的选项。

    A. 画板数量                 B. 出血

    C. Filter(滤镜)菜单         D. 宽度

(6) 当主菜单中的某个菜单命令名称后面有_____时，表示执行该命令后，就可以弹出相应的命令对话框。

    A. 三角形标志            B. 省略号

    C. 快捷键                   D. 子菜单

(7) 在 Illustrator CS6 的工具箱中，_____可使对象产生不同形式的变形。

    A. 选择工具组            B. 形状生成器工具

    C. 变形工具组            D. 钢笔工具

(8) 屏幕模式包括_____种模式。

    A. 2                       B. 3

    C. 4                     D. 以上答案都不对

# 模块 02　设计与制作卡通插画
## ——绘制和编辑图形

**能力目标**

1. 能使用工具绘制图形
2. 可以自己设计制作插画

**软件知识目标**

1. 掌握矩形工具和椭圆工具的使用方法
2. 掌握钢笔工具和线性工具的使用方法
3. 掌握【路径查找器】调板的应用

**专业知识目标**

1. 掌握 Illustrator 工作界面的应用
2. 掌握用工具绘制和编辑图形的方法

**课时安排**

2 课时(讲 1 课时，实践 1 课时)——(完成模拟制作任务和掌握入门知识 1 课时，完成独立实践任务 1 课时)

# 模拟制作任务　1 课时

### 设计制作卡通插画

#### 任务背景

某出版社近期推出一套儿童故事书，委托某公司为其中一则"兔子和月亮"的故事情节绘制卡通插图，以增强儿童的阅读兴趣，促进图书的销售。

#### 任务要求

画面要生动形象地体现出故事所描绘的情节，色彩的搭配上要符合儿童的审美观，在图形的设计上尽量夸张简洁，在每则插画的前面都会配有一张用于临摹的拷贝纸，小朋友在看故事书的同时也可以将插图临摹下来，锻炼儿童的动手能力，使书籍与儿童之间形成一个互动。

#### 任务分析

根据故事的情节分析，画面的背景以悬挂一轮大圆月的夜空、绿树和水作为背景，一个穿着兔子服装的小朋友很调皮地将头伸进已经布置好的场景中，画面以黄、白、绿、蓝色调为主，符合儿童的色彩审美观，画面中的月亮和绿树用正圆来表示，主人公小兔子则是通过一些基本图形的裁切得到的，使小读者能根据图案临摹下来，增强儿童的动手能力，激发孩子学习的兴趣。

**本案例的难点**

使用【椭圆工具】配合【钢笔工具】创建出卡通人物的基本图形，利用【路径查找器】调板对图形进行编辑，创建出特殊形状丰富卡通人物、增强视觉美感。

**点拨和拓展**

插画设计现在变得越来越主流，在很多设计类别中都可以看到插画设计的影子。它以夸张的造型、海阔天空的形象力，越来越受到人们的关注。

**任务参考效果图**

## 操作步骤详解

### 1. 新建文件并创建背景图形

(1) 执行【文件】→【新建】命令，创建一个新文件，如图 2-1 所示。

(2) 使用【矩形工具】■在视图中单击，在弹出的【矩形】对话框中进行设置，然后单击【确定】按钮，创建矩形，如图 2-2 所示。

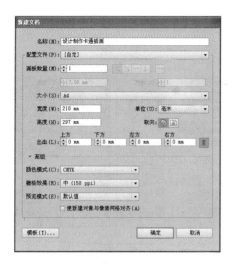

图 2-1　　　　　　　　　　　　　　　　　　　　　　图 2-2

(3) 在选项栏中单击【对齐画板】按钮，然后单击【水平居中对齐】和【垂直居中对齐】按钮，使矩形与画板对齐，如图 2-3 所示。

(4) 在【渐变】调板中为矩形设置填充色，如图 2-4 所示。

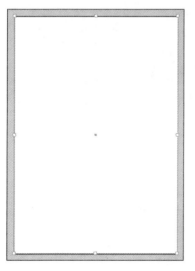

图 2-3　　　　　　　　　　　　　　　　　　　　　　图 2-4

(5) 使用【椭圆工具】配合键盘上的 Shift 键绘制正圆，并在【渐变】调板中设置填充色，如图 2-5 所示。

(6) 继续使用【椭圆工具】绘制正圆，如图 2-6 所示。

(7) 使用【混合工具】在上一步绘制的一个正圆上单击，再单击另一个正圆，然后在工具箱中双击【混合工具】，参照图 2-7 所示，在弹出的【混合选项】对话框中进行设置，创建混合图形。

(8) 复制混合后的图形并放大混合图形，参照图 2-8 所示，在【图层】调板中选中图像，调整填充色为浅绿色(C:47，M:0，Y:92，K:0)。

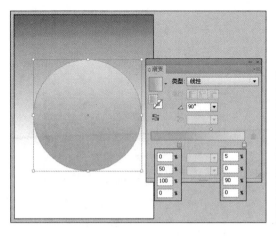

图 2-5

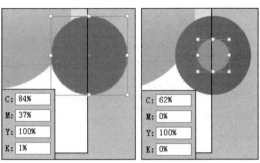

图 2-6

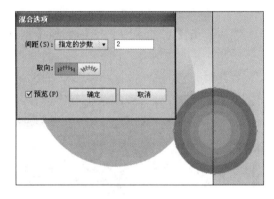

图 2-7

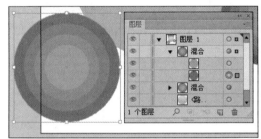

图 2-8

(9) 如图 2-9 所示，选中混合图形中的部分图形，并设置填充色为绿色(C:86，M:43，Y:100，K:5)。

(10) 继续复制并调整混合图形的颜色，如图 2-10 所示。

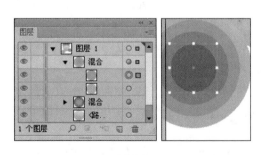

图 2-9

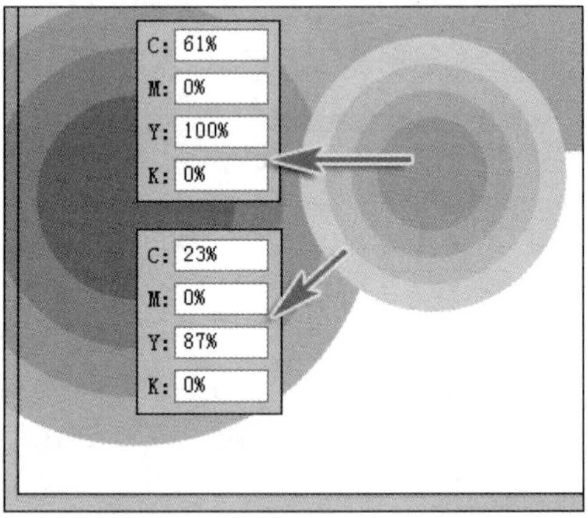

图 2-10

(11) 使用【椭圆工具】 绘制椭圆(见图 2-11)，作为底部的底图。

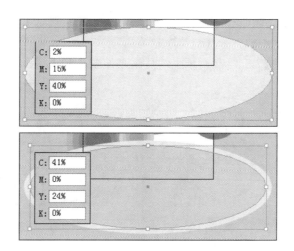

图 2-11

### 2. 绘制卡通人物

(1) 使用【椭圆工具】 ◎ 绘制椭圆作为人物的头部，效果如图 2-12 所示。

(2) 使用【钢笔工具】 ◎ 绘制人物的脸部，并使用【椭圆工具】 ◎ 绘制椭圆作为头部的装饰图形，如图 2-13 所示。

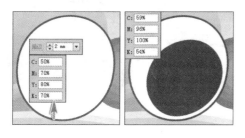

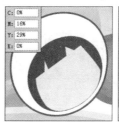

图 2-12　　　　　　　　　　　　　　　　图 2-13

(3) 继续绘制正圆，使用【直接选择工具】 ▷ 调整节点的位置，压扁并旋转图形，创建出人物帽子上的装饰图形，如图 2-14 所示。

(4) 分别使用【椭圆工具】 ◎ 和【矩形工具】 ◻ 绘制红色(C:0，M:96，Y:95，K:0)正圆和矩形，如图 2-15 所示，配合键盘上的 Shift 键选中这两个图形，执行【窗口】→【路径查找器】命令，在弹出的调板中单击【减去顶层】 ◻ 按钮，修剪图形。

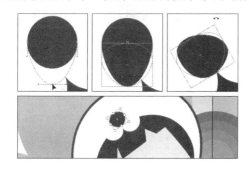

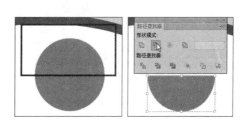

图 2-14　　　　　　　　　　　　　　　　图 2-15

(5) 复制并调整上一步创建的图形，创建出帽子上的装饰，并绘制人物的眼睛和红脸蛋，如图 2-16 所示。

(6) 使用【钢笔工具】 绘制帽子上的耳朵，如图 2-17 所示。

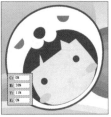

图 2-16

图 2-17

(7) 复制上一步创建的耳朵图形，并绘制椭圆，如图 2-18 所示。

(8) 分别选中耳朵和椭圆图形，单击【路径查找器】调板中的【交集】 按钮，创建相交图形，如图 2-19 所示。

图 2-18

图 2-19

(9) 继续复制耳朵图形，调整图层顺序至相交图形的上方，取消填充色并调整描边大小，如图 2-20 所示。

(10) 使用【椭圆工具】 绘制救生圈，并使用【钢笔工具】 绘制人物的身体，如图 2-21 所示。

图 2-20

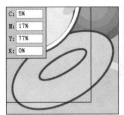

图 2-21

(11) 选中人物图形，右击并在弹出的快捷菜单中选择【编组】命令，将图形进行编组，如图 2-22 所示。

(12) 使用【钢笔工具】 和【直线段工具】 绘制人物的嘴巴，并将嘴巴图形进行编组，如图 2-23 所示，继续将嘴巴和卡通人物进行编组并命名为卡通人物。

图 2-22 图 2-23

### 3. 优化背景

(1) 使用【椭圆工具】绘制黑色正圆，然后使用【变形工具】对图形进行变形，效果如图 2-24 所示。

(2) 使用【文字工具】创建文字，效果如图 2-25 所示。

图 2-24 图 2-25

(3) 使用【椭圆工具】绘制白色正圆，并将其进行编组，然后执行【效果】→【模糊】→【高斯模糊】命令，参照图 2-26 所示，在弹出的【高斯模糊】对话框中进行设置，模糊图形。

(4) 使用前面介绍的方法，继续创建模糊图形组，如图 2-27 和图 2-28 所示。

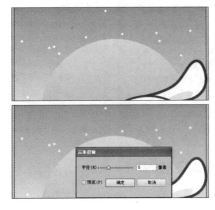

图 2-26 图 2-27

(5) 最后将前面创建的模糊图形进行编组，并命名为光斑。使用【椭圆工具】绘制黑色正圆，然后使用【变形工具】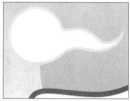对图形进行变形，效果如图 2-29 所示。

图 2-28

图 2-29

(6) 选择【螺旋线工具】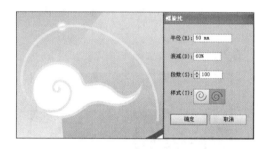在视图中单击，然后在弹出的【螺旋线】对话框中进行设置，创建螺旋线，如图 2-30 所示。

(7) 使用【直接选择工具】删除不想要的节点，复制并调整云彩的大小及位置，如图 2-31 所示。

图 2-30

图 2-31

(8) 绘制与页面大小相同的矩形，并设置其与画板中心对齐，使用【选择工具】框选页面中的所有图形，右击并在弹出的快捷菜单中选择【创建剪切蒙版】命令，隐藏部分图形，效果如图 2-32(a)所示，继续绘制一个与画板中心对齐并与页面大小相同的黑色矩形，如图 2-32(b)所示。

(9) 参照图 2-33 所示，继续绘制一个与画板中心对齐的黑色矩形，同时选中两个黑色矩形，单击【路径查找器】面板中的【减去顶层】按钮，创建边框效果，完成本实例的制作。

(a)　　　　　　　　(b)

图 2-32

(a)　　　　　　　　(b)

图 2-33

# 知识点扩展

## 01    绘制基本图形

Illustrator 的工具箱为用户提供了多个绘制基本图形的工具，如【矩形工具】、【圆角矩形工具】、【椭圆工具】等，利用这些工具可以绘制出简单的矩形、圆角矩形、圆形等图形。

### 1. 矩形工具

使用工具箱中的【矩形工具】可以创建出简单的矩形，还可以通过该工具的对话框精确地设置矩形的宽度和高度。

> **技 巧**
>
> 在绘制矩形的过程中，如果按下空格键，将冻结正在绘制的矩形，这时可以移动未绘制完成的矩形至任意位置，当松开空格键后，可继续绘制该矩形。

1)    使用矩形工具绘制矩形

单击工具箱中的【矩形工具】，将鼠标指针移至页面中，当鼠标指针将变成"＋"形状时，确定矩形的起点位置，然后按下鼠标左键向任意倾斜方向拖动，页面中将会出现一个蓝色的外框，随着鼠标的拖动而改变大小和形状。松开鼠标按键后，即可完成矩形的绘制，此时矩形将处于被选状态，如图 2-34 所示。蓝色的矩形选择框显示的就是矩形的大小，用户拖动的距离和角度将决定它的宽度和高度。

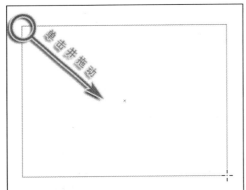
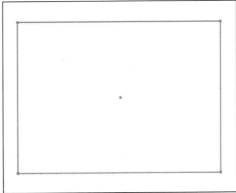

图 2-34

> **技 巧**
>
> 在绘制矩形的过程中，按下 Shift 键，将会绘制出一个正方形；而同时按下 Shift 键和 Alt 键，将绘制出以单击处为中心向外扩展的正方形，如图 2-35 所示。
>
> 按下键盘上的～键，按下鼠标并向不同的方向拖动，即可绘制出多个不同大小的矩形，如图 2-36 所示。

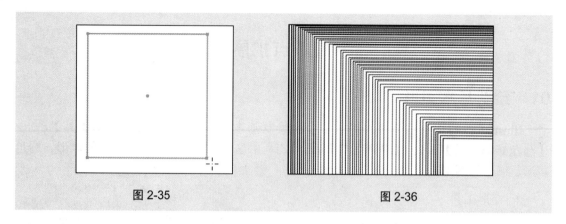

图 2-35　　　　　　　　　　　　　图 2-36

2)　配合键盘绘制矩形

在绘制矩形时，可以配合键盘上的一些按键进行。选择工具箱中的【矩形工具】，将鼠标指针移至页面中，然后按住键盘上的 Alt 键，鼠标指针将变成 形状，此时拖动鼠标即可绘制出以中心点向外扩展的矩形，如图 2-37 所示。

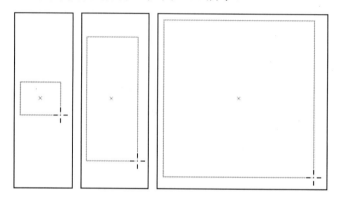

图 2-37

3)　精确绘制矩形

通过【矩形】对话框可以精确地控制矩形的高度和宽度，具体的操作步骤如下。

选择工具箱中的【矩形工具】，然后移动鼠标指针至页面中的任意位置并单击鼠标，此时将弹出【矩形】对话框，如图 2-38 所示。设置【宽度】和【高度】值后，单击【确定】按钮，就会根据用户所设置的参数值，在页面中显示出相应大小的矩形，单击【取消】按钮，将关闭对话框并取消绘制矩形的操作。

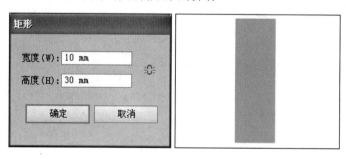

图 2-38

## 2．圆角矩形工具

选择【圆角矩形工具】 ▣ 后，直接在工作页面上拖动鼠标即可绘制圆角矩形。要绘制精确的圆角矩形，可以选择【圆角矩形工具】 ▣ 后在页面中单击，打开如图 2-39 所示的【圆角矩形】对话框，在【宽度】和【高度】文本框中输入数值，在【圆角半径】文本框中输入圆角半径值，按照定义的大小和圆角半径绘制圆角矩形图形。

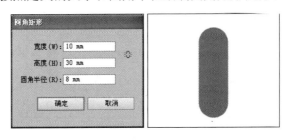

图 2-39

> **技 巧**
>
> 在绘制圆角矩形的过程中按住上箭头或下箭头键可以改变圆角矩形的半径大小；按住左箭头键则可使圆角变成最小的半径值；按住右箭头键则可使圆角变成最大的半径值。在绘制圆角矩形的过程中按住 Shift 键，可以绘制圆角正方形；按住 Alt+Shift 键，可以绘制以起点为中心的圆角正方形。

## 3．椭圆工具

选择【椭圆工具】 ⬤ ，在工作页面上拖动鼠标即可绘制椭圆形。或在页面中单击，打开【椭圆】对话框，在【宽度】和【高度】文本框中输入数值，按照定义的大小绘制椭圆形。

> **技 巧**
>
> 在绘制椭圆形的过程中按住 Shift 键，可以绘制正圆形，如图 2-40 所示。
> 按住 Alt+Shift 键，可以绘制以起点为中心的正圆形，如图 2-41 所示。

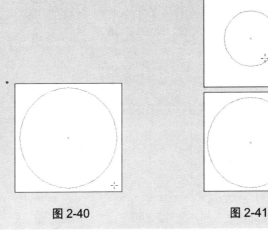

图 2-40　　　　　　　　　图 2-41

### 4. 多边形工具

用【多边形工具】 ⬣绘制的多边形都是规则的正多边形。要绘制精确的多边形图形，可以选择【多边形工具】 ⬣后在页面中单击，打开如图 2-42 所示的【多边形】对话框，在【半径】参数栏中输入多边形的半径大小，在【边数】参数栏中设置多边形边数，从而按照定义的半径大小和边数绘制多边形图形。

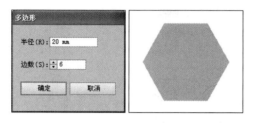

图 2-42

### 5. 星形工具

使用【星形工具】 ⭐可以绘制不同形状的星形图形。选择该工具后在页面中单击，可打开如图 2-43 所示的【星形】对话框，在【半径 1】参数栏中设置所绘制星形图形内侧点到星形中心的距离，在【半径 2】参数栏中设置所绘制星形图形外侧点到星形中心的距离，在【角点数】参数栏中设置所绘制星形图形的角数。

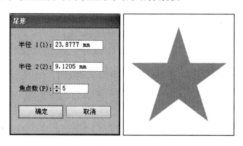

图 2-43

**技 巧**

在绘制星形的过程中按住 Alt 键，可以绘制旋转的正星形，如图 2-44 所示。

按住 Alt+Shift 键，可以绘制不旋转的正星形，如图 2-45 所示。

按住 Ctrl 键，可以调整星形角的度数，如图 2-46 所示。

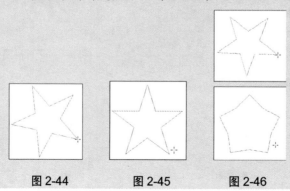

图 2-44          图 2-45          图 2-46

## 02 手绘图形

用【铅笔工具】可以绘制开放路径和闭合路径，就像用铅笔在纸上绘图一样，非常适合快速素描或创建手绘外观。用【平滑工具】可以对路径进行平滑处理，而且能尽可能地保持路径的原始状态。用【路径橡皮擦工具】可以清除路径或笔画的一部分。

### 1. 铅笔工具

【铅笔工具】在使用时不论是绘制开放的路径还是封闭的路径，都像在纸张上绘制一样方便。

如果需要绘制一条封闭的路径，选中该工具后，需要在绘制开始以后就一直按住 Alt 键，直至绘制完毕。在工具箱中双击【铅笔工具】，可以打开如图 2-47 所示的【铅笔工具选项】对话框。

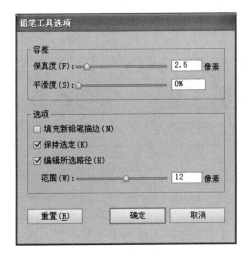

图 2-47

---

**知识**

【铅笔工具选项】对话框中的各参数介绍如下。

- 保真度：控制曲线偏离鼠标原始轨迹的程度。保真度数值越低，得到的曲线的棱角就越多；数值越高，曲线越平滑，也就越接近鼠标的原始轨迹。
- 平滑度：设置【铅笔工具】使用时的平滑程度，数值越高越平滑。
- 保持选定：选中该选项可以在绘制路径之后仍然保持路径处于被选中的状态。
- 编辑所选路径：选中该选项可以对选择的路径进行编辑。

### 2. 平滑工具和路径橡皮擦工具

如果要使用【平滑工具】，则要保证处理的路径处于被选中的状态，然后在工具箱中选择该工具，在路径上要平滑的区域内拖动，如图 2-48 所示。

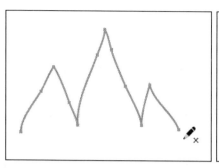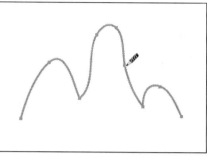

图 2-48

如果要使用【路径橡皮擦工具】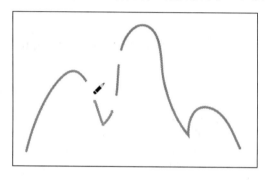，则要保证处理的路径处于被选中的状态，然后在工具箱中选择该工具，在要清除路径的区域拖动，效果如图 2-49 所示。

图 2-49

## 03　光晕工具

使用【光晕工具】可以很方便地绘制出光晕效果。双击工具箱中的【光晕工具】，或者在选择【光晕工具】的前提下按 Enter 键，或在页面中单击，都可打如图 2-50 所示的【光晕工具选项】对话框来设置光景效果。选择【光晕工具】后在工作页面上拖动鼠标可以直接确定光晕效果的整体大小。释放鼠标后，移动鼠标至合适位置，确定光晕效果的长度，单击即可完成光晕效果的绘制。

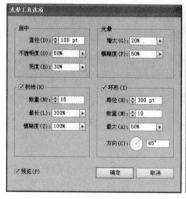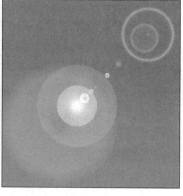

图 2-50

**知　识**

【光晕工具选项】对话框中的各项参数介绍如下。

- 环形：【路径】选项参数用来控制光晕效果中心与末端的距离，【数量】选项参数用来控制光晕效果中光环的数量，【最大】选项参数用来控制光晕效果中光环的最大比例，【方向】选项参数用来控制光晕效果的发射角度。
- 居中：【直径】选项参数用来控制闪耀效果的整体大小，【不透明度】选项参数用来控制光晕效果的透明度，【亮度】选项参数用来控制光晕效果的亮度。
- 光晕：【增大】选项参数用来控制光晕效果的发光程度，【模糊度】选项参数用来控制光晕效果中光晕的柔和程度。
- 射线：【数量】选项参数用来控制光晕效果中放射线的数量，【最长】选项参数用来控制光晕效果中放射线的长度，【模糊度】选项参数用来控制光晕效果中放射线的密度。

**提　示**

按住 Alt 键在页面中拖动鼠标，可一步完成光晕效果的绘制。在绘制光晕效果时，按住 Shift 键可以约束放射线的角度，按住 Ctrl 键可以改变光晕效果的中心点和光环之间的距离，按住上箭头键可以增加放射线的数量，按住下箭头键可以减少放射线的数量。

## 04　使用线性工具

线形工具是指【直线段工具】 ⟋、【弧形工具】 ⌒、【螺旋线工具】 ◎、【矩形网格工具】 ▦、【极坐标网格工具】 ⊕，使用这些工具可以创建出由线段组成的各种图形。

### 1. 直线段工具

使用【直线段工具】 ⟋可以在页面上绘制直线。选择该工具后，在视图中单击并拖动鼠标可以绘制直线，松开鼠标左键后完成直线段的绘制。

### 2. 弧线工具

选择【弧形工具】 ⌒后可以直接在工作页面上拖动鼠标绘制弧线。如果要精确绘制弧线，选择【弧形工具】 ⌒后在页面中单击，打开如图 2-51 所示的【弧线段工具选项】对话框，在对话框中设置各项参数。

**知　识**

【弧线段工具选项】对话框中的各项参数介绍如下。

- X 轴长度：用来确定弧线在 X 轴上的长度。
- Y 轴长度：用来确定弧线在 Y 轴上的长度。
- 类型：在【类型】下拉列表框中可以选择弧线的类型，有开放型弧线和闭合型弧线。
- 基线轴：用来选择所使用的坐标轴。
- 斜率：用来控制弧线的凸起与凹陷程度。

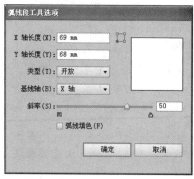 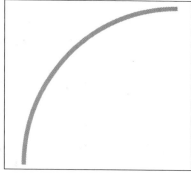

图 2-51

### 3. 螺旋线工具

用【螺旋线工具】可以绘制螺旋形。选择该工具后在页面中单击，打开如图 2-52 所示的【螺旋线】对话框，设置各项参数可以精确绘制螺旋线。

图 2-52

**知 识**

【螺旋线】对话框中的各项参数介绍如下。

- 半径：可以定义涡形中最外侧点到中心点的距离。
- 衰减：可以定义每个旋转圈相对于前面的圈减少的量。
- 段数：可以定义段数，即螺旋圈由多少段组成。
- 样式：可以选择逆时针或顺时针来指定螺旋线的旋转方向。

### 4. 矩形网格工具

用【矩形网格工具】可以创建矩形网格。选择【矩形网格工具】后在页面中单击，可以打开图 2-53 所示的【矩形网格工具选项】对话框精确设置各项参数。

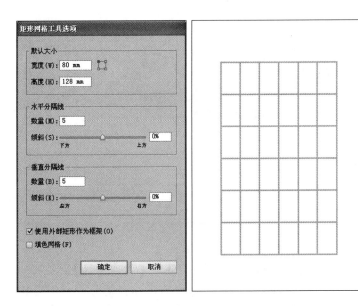

图 2-53

知 识

【矩形网格工具选项】对话框中的各项参数介绍如下。

● 默认大小：用来设置网格的宽度和高度。
● 水平分隔线：用来设置网格在水平方向上网格线的数量以及网格间距。
● 垂直分隔线：用来设置网格在垂直方向上网格线的数量以及网格间距。

### 5. 极坐标网格工具

用【极坐标网格工具】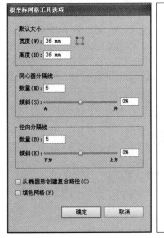可以绘制类似同心圆的放射线效果。选择【极坐标网格工具】后在页面中单击，可以打开如图 2-54 所示的【极坐标网格工具选项】对话框精确设置各项参数。

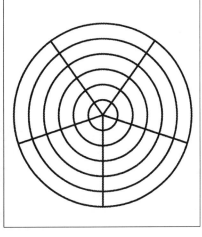

图 2-54

【极坐标网格工具选项】对话框中的各项参数介绍如下。

- 默认大小：用来设置网格的宽度和高度。
- 同心圆分隔线：用来设置同心圆的数量、间距。
- 径向分隔线：用来设置辐射线的数量、间距。

## 05  编辑图形

绘制完成的图形有时不能够满足需要的效果，这时就要利用其他工具对图形进行加工和编辑。

### 1. 剪刀工具、美工刀工具和橡皮擦工具

【剪刀工具】✂用于在特定点剪切路径。使用【剪刀工具】✂在一条路径上单击，可以将一条开放的路径分成两条，或者将一条闭合的路径拆分成一条或多条开放的路径。如果单击路径的位置位于一段路径的中间，则单击的位置会有两个重合的新节点，如果在一个节点上单击，则在原来的节点上面又将出现一个新的节点。对于剪切后的路径，可以使用【直接选择工具】▷或【转换节点工具】▷进行进一步的编辑。

绘制一个图形，选择【直接选择工具】▷，单击选中图形，显示节点，然后选择【剪刀工具】✂，先单击第一个节点，再单击第二个节点，进行剪断。

用【刻刀工具】✐可以将图形对象像切蛋糕一样切分为一到多个部分，刻刀工具应用的所有对象都将变为曲线对象，参见图2-55。

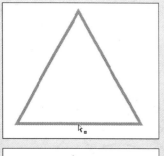

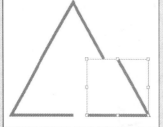
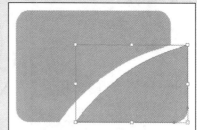

图 2-55

提 示

【橡皮擦工具】  可以删除对象中不再需要的部分，当擦除中影响了对象的路径时，【橡皮擦工具】会自动做出调整，所有使用了【橡皮擦工具】  的对象边缘，都将转变为平滑对象，如图 2-56 所示。

图 2-56

### 2. 变形工具组

变形工具组中的工具主要用于对路径图形进行变形操作，从而使图形的变化更加多样化。双击变形工具组中的某个工具按钮都会弹出相应的选项对话框，如图 2-57 所示。

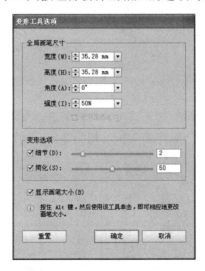

图 2-57

变形工具组中 7 个工具的选项对话框中的各项参数相同或相近，对话框中的各项参数如下。

知 识

【变形工具选项】对话框中的各项参数介绍如下。
● 宽度与高度：设置笔刷的大小。
● 角度：设置笔刷的角度。
● 强度：设置笔刷的强度。

- 细节：控制对变形细节的处理，数值越大处理结果越细腻，数值越小处理结果越粗糙。
- 简化：变形过程中会产生大量的节点，可以按照此处的设定对节点进行简化，以减少对象的复杂程度。

1) 宽度工具

使用宽度工具可以在曲线上的任意点添加锚点，单击拖动锚点即可更改曲线的宽度，如图 2-58 所示。在改变图形时，可以根据需要将线条变宽或变窄，将图形调整为自己想要的效果，如图 2-59 所示。

图 2-58

图 2-59

2) 变形工具

使用变形工具就是用手指涂抹的方式对矢量线条进行变形，如图 2-60 所示。还可以对置入的位图图形进行变形，得到有趣的效果，如图 2-61 所示。

图 2-60

图 2-61

提 示

使用【变形工具】 时，鼠标指针显示为一个空心圆，其大小即为变形工具作用区域的大小，相当于一个画笔。

3)　旋转扭曲工具

对图形进行旋转扭曲变形，作用区域和力度由预设参数决定。

提 示

使用【旋转扭曲】 工具旋转扭曲图形，其效果如图 2-62 所示。

图 2-62

4)　聚拢工具

对图形进行挤压收缩变形，作用区域和力度由预设参数决定，效果如图 2-63 所示。

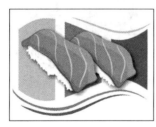

图 2-63

5)　膨胀工具

对图形进行扩张膨胀变形。

提 示

使用【膨胀工具】 变形图形，其效果如图 2-64 所示。

图 2-64

6) 扇贝工具

对图形产生细小的褶皱状变形，效果如图 2-65 所示。

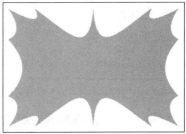

图 2-65

7) 晶格化工具

可以为对象的轮廓添加随机锥化的细节，产生细小的尖角和凸起的变形效果，如图 2-66 所示。

图 2-66

8) 褶皱工具

可以为对象的轮廓添加类似于皱褶的细节，产生局部碎化的变形效果。

提 示

使用【褶皱工具】 工具变形图形，其效果如图 2-67 所示。

图 2-67

注 意

变形工具组中的工具产生的效果不同，但基本的使用方法是相同的，选择相应的工具后，设置相关参数，然后在欲变形的对象上拖动即可。

### 3. 使用【路径查找器】调板

使用【路径查找器】调板中的按钮命令，可以改变不同对象之间的相交方式。执行【窗口】→【路径查找器】命令，即可打开【路径查找器】面板，如图 2-68 所示。

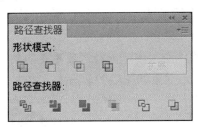

图 2-68

下面将详细说明这些命令的使用方法及效果。

● 【联集】：可以将两个或多个路径对象合并成一个图形，效果如图 2-69 所示。

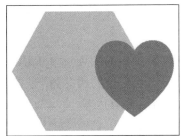

图 2-69

● 【减去顶层】：从最后面的对象中减去与前面的各对象相交的部分，而前面的对象也将被删除，效果如图 2-70 所示。

图 2-70

● 【交集】：保留所选对象的重叠部分，而删除不重叠的部分，从而生成一个新的图形，保留部分的属性与最前面的图形保持一致，效果如图 2-71 所示。

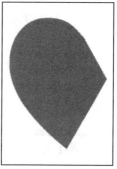

图 2-71

● 　【差集】 ：可以将两个或多个路径对象重叠的部分删除，并将选中的多个对象组合为一个新的对象，效果如图 2-72 所示。

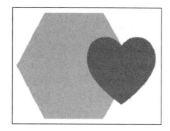

图 2-72

● 　【分割】 ：可以将两个或多个路径对象重叠的部分独立开来，从而将所选择的对象分割成几部分，重叠部分的属性以前面对象的属性为准，效果如图 2-73 所示。编辑过后的对象被群组，查看时需解除群组状态。

图 2-73

● 　【修边】 ：用前面的对象来修剪后面的对象，从而使后面的对象发生形状上的改变，并且能够取消对象的轮廓线属性，所有的对象将保持原来的颜色不变。编辑过后的对象被群组，查看时需解除群组状态。修边效果如图 2-74 所示。

● 　【合并】 ：如果所选对象的填充和轮廓线的属性相同，它们将组合为一个对象；如果它们的属性不同，则该按钮命令与【修边】 所产生的结果是相同的。

● 　【裁剪】 ：保留对象重叠的部分，而删除其他部分，并且能够取消轮廓线属性，保留部分将应用最后面对象的属性，效果如图 2-75 所示。

● 【轮廓】⬜：只保留所选对象的轮廓线，而且轮廓的颜色改变为对象的填充颜色，它的宽度也变成 0 pt，其效果如图 2-76 所示。

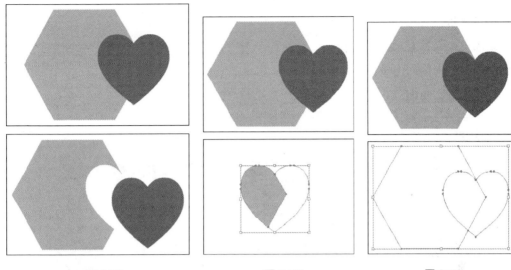

图 2-74　　　　　　　　　图 2-75　　　　　　　　　图 2-76

● 【减去后方对象】⬜：可以用后面的对象来修剪前面的对象，并且删除后面的对象和两个对象重叠的部分，保留部分的属性与最前面的对象的属性保持一致，效果如图 2-77 所示。

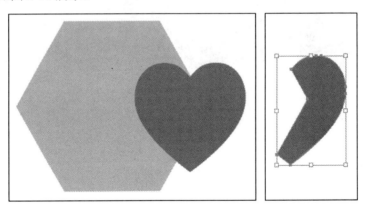

图 2-77

# 独立实践任务　1 课时

## 设计制作宣传插画

### 任务背景

某儿童品牌运动商店，为扩大宣传要制作一批宣传插画。

**任务要求**

画面简单、色彩亮丽，体现儿童的活泼可爱。

**任务分析**

画面以天蓝色和橙色为主色调，蓝色代表着运动，橙色代表儿童的活泼可爱，以正在做运动的卡通人物向消费者传达儿童运动商店这一信息。

**任务参考效果图**

# 习　　题

(1) 如果需要绘制多个不同大小、不同方向的多边形时，在按下鼠标左键拖动的同时，还需要按下键盘上的_____。

  A. Shift 键        B. Shift+Alt 键

  C. ～键          D. Alt 键

(2) 在【星形】对话框中的选项中，【半径 1】代表_____。

  A. 星形外部半径      B. 星形外部直径

  C. 星形内部直径      D. 星形内部半径

(3) 绘制一个完整的光线效果图，需要拖动_____鼠标。

  A. 4 次          B. 3 次

  C. 2 次          D. 1 次

(4) 使用_____工具可以擦除路径。

    A.　路径橡皮擦　               B.　平滑

    C.　光晕　                     D.　剪刀

(5) 编辑光晕图形时，在【光晕工具选项】对话框中，_____参数栏用来设置射线的多少。

    A.　亮度　                   B.　增大

    C.　数量　                   D.　最大

(6) 在【弧线段工具选项】对话框中有个正方形框，并且每个角上都有一个小方块，它的作用是_____。

    A.　调整弧线方向　          B.　调整弧线的起点位置

    C.　调整弧线大小　          D.　以上答案都不对

(7) 在【矩形网格工具选项】对话框中的【水平分割线】选项组内，【倾斜】的作用是_____。

    A.　设置矩形水平网格线的倾向值　    B.　设置矩形网格的边数

    C.　设置矩形垂直网格线的倾向值　    D.　设置矩形网格线的数量

(8) 在【极坐标网格工具选项】对话框中，【径向分割线】选项组中【倾斜】参数栏中的参数值用来设置_____。

    A.　极线网格射线的顶部倾向值　    B.　极线网格内同心圆的倾向值

    C.　极线网格射线的底部倾向值　    D.　极线网格内射线的倾向值

(9) 绘制极线网格图形的过程中，按下_____键可用来移动图形。

    A.　Shift 键　              B.　空格键

    C.　Ctrl 键　              D.　Alt 键

# 模块 03　设计与制作古城宣传海报
## ——绘制和编辑路径

**能力目标**

1. 能使用钢笔工具绘制图像
2. 学会设计制作广告宣传海报

**软件知识目标**

1. 掌握【钢笔工具】的使用方法
2. 掌握【画笔工具】的使用方法
3. 掌握【画笔】调板的使用方法

**专业知识目标**

1. 海报的专业知识
2. 关于路径的专业知识
3. 掌握扩展命令的使用

**课时安排**

2 课时(讲 1 课时，实践 1 课时)——(完成模拟制作任务和掌握入门知识 1 课时，完成独立实践任务 1 课时)

# 模拟制作任务　1 课时

### 设计制作古城宣传海报

#### 任务背景

在中秋佳节即将来临之际，穿越国际旅游公司为提升公司的知名度、吸引更多的游客，推出一条韩国古城旅游会员专线，该线路主要以观花赏月游古城为主题，所以公司为其线路取名为"花之月"，并委托本公司为该旅游专线制作一张宣传海报，以便在社会上张贴宣传。

#### 任务要求

画面以最具表现韩国古建的建筑为主要表现对象，用中国传统水墨画的表现手法展现韩国的古典韵味，将观花赏月游古城的主题巧妙地在画面中予以展现。

#### 任务分析

选用白色到土黄色的渐变作为大体背景，烘托出怀旧的氛围，运用 Illustrator 中自带的水墨效果笔刷打造出中国传统水墨画的意境，并为配合该旅游线路的主题在视图中添加了水墨荷花和金鱼作为铺垫。使用 Illustrator 中创建剪切蒙版命令，将韩国古建放置在绘制好的墨点中，使图像和水墨背景巧妙地融合在一起。为配合整体的画面效果，海报的主题文字也采用毛笔字的书写手法来表现。

**本案例的难点**

选择不同的水墨画笔样式，并创建不同的水墨笔触，制作水墨背景效果。

**点拨和拓展**

海报是极为常见的一种招贴形式，多用于电影、戏剧、比赛、文艺演出等活动。海报中通常要写清楚活动的性质，活动的主办单位、时间、地点等内容。海报的语言要求简明扼要，形式要做到新颖美观。本次实例效果可应用于音乐、街舞、会演等宣传海报中。

**任务参考效果图**

# 操作步骤详解

## 1. 新建文件并创建剪切图像

(1) 执行【文件】→【新建】命令，创建一个新文件，如图 3-1 所示。

(2) 选择工具箱中的【矩形工具】 在视图中单击，在弹出的【矩形】对话框中进行设置，然后单击【确定】按钮，创建矩形，如图 3-2 所示。

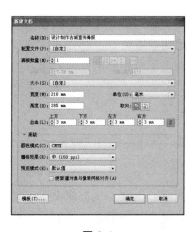

图 3-1 图 3-2

(3) 选中上一步创建的矩形，单击属性栏中的【对齐画板】 按钮，然后单击【水平居中对齐】 和【垂直居中对齐】 按钮，设置颜色为褐色并取消轮廓色，如图 3-3 所示。

(4) 参照图 3-4 所示，继续绘制矩形，并设置其与画板中心对齐。

图 3-3 图 3-4

(5) 选中画面中绘制的矩形，执行【窗口】→【路径查找器】命令，单击调板中的【减去顶层】按钮，创建新图形，如图 3-5 所示。

(6) 继续绘制与第一个矩形相同大小的矩形，并设置其与画板中心对齐，在【渐变】调板中设置渐变颜色，并使用【渐变工具】 调整渐变中心点的位置，如图 3-6 所示。

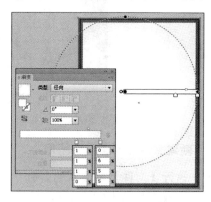

图 3-5 图 3-6

(7) 单击【画笔】调板底部的【画笔库菜单】  按钮，在弹出的菜单中选择【艺术效果】→【艺术效果_油墨】命令，参照图 3-7 所示，将"油墨弹"拖至视图中。

(8) 配合键盘上的 Shift+Alt 键放大图形，如图 3-8 所示。

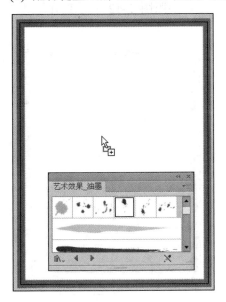

图 3-7

图 3-8

(9) 执行【对象】→【扩展】命令和【对象】→【取消编组】命令，删除部分图形，并旋转"油墨弹"图形，如图 3-9 所示。

(10) 执行【文件】→【打开】命令，打开附带光盘中的"模块 03\古建筑.psd"文件并将其拖至正在编辑的文档中，缩小并调整图像的位置，如图 3-10 所示。

图 3-9

图 3-10

(11) 选中"油墨弹"图形，使用快捷键 Ctrl+]调整图层至"古建筑.psd"图像所在图层的上方，同时选中"油墨弹"图形和"古建筑.psd"图像，右击并在弹出的快捷菜单中选择【建立剪切蒙版】命令，剪切图像，如图 3-11 所示。

### 2. 创建水墨背景

(1) 隐藏前面创建的图像，单击【画笔】调板底部的【画笔库菜单】 按钮，在弹出的菜单中选择【艺术效果】→【艺术效果_水彩】命令，参照图 3-12 所示选择画笔样式，使用【画笔工具】 绘制图形。

图 3-11

图 3-12

(2) 从【艺术效果_油墨】调板中将油墨滴图形拖至视图中，参照图 3-13 所示，调整图形的大小及位置。

(3) 显示前面隐藏的图像，继续使用【画笔工具】 进行绘制，如图 3-14 所示。

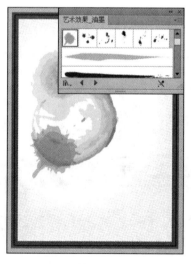

图 3-13

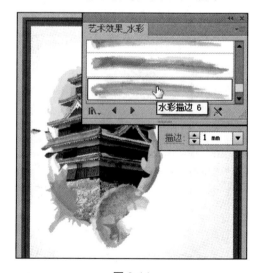

图 3-14

(4) 从【艺术效果_油墨】调板中将"油墨泼溅"图形拖至视图中，参照图 3-15 所示，调整图形的大小及位置。

(5) 使用【矩形工具】 绘制矩形，并同时选中矩形和"油墨泼溅"图形，右击在弹出的快捷菜单中选择【建立剪切蒙版】命令，隐藏部分图像，如图 3-16 所示。

图 3-15

图 3-16

### 3. 创建毛笔字

(1) 使用【钢笔工具】 ✐ 创建文字路径，如图 3-17 所示。

(2) 参照图 3-18 所示，为路径添加画笔效果。

图 3-17

图 3-18

(3) 为路径添加画笔效果，如图 3-19 所示。

(4) 为路径添加画笔效果，如图 3-20 所示。

图 3-19

图 3-20

(5) 继续为路径添加画笔效果，如图 3-21 所示。

(6) 分别将"花"、"之"、"月"路径进行编组，并将其拖至【图层】调板底部的【创建新图层】 ▢ 按钮上，复制组，然后选中"花"、"之"、"月"图层组，使用快捷键 Ctrl+G 将图形进行编组，效果如图 3-22 所示。

图 3-21

图 3-22

(7) 参照图 3-23 所示，使用【直排文字工具】在视图中输入文字。

(8) 使用【文字工具】创建字母 "Fragrant……" 图层，双击【旋转工具】在弹出的【旋转】对话框中设置旋转角度，如图 3-24 所示。

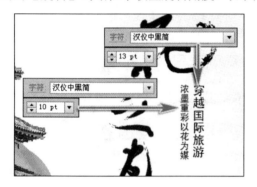

图 3-23

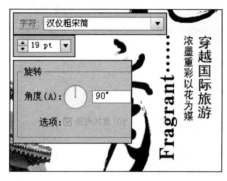

图 3-24

(9) 继续使用【文字工具】创建文字并将文字旋转 90°，在【字符】调板中对文字进行设置，如图 3-25 所示。

(10) 使用【圆角矩形工具】在视图中单击，如图 3-26 所示，在弹出的【圆角矩形】对话框中进行设置，然后单击【确定】按钮，创建圆角矩形。

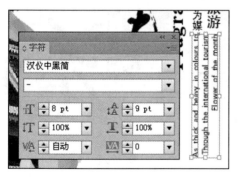

图 3-25

图 3-26

(11) 参照图 3-27 所示，使用【直排文字工具】在视图中输入文字，并设置字体颜色为白色。

(12) 将文字进行编组，如图 3-28 所示。

图 3-27　　　　　　　　　　　　　　　　　　图 3-28

### 4. 添加素材图像

(1) 使用【矩形工具】■绘制矩形，并在【渐变】调板中设置渐变色，如图 3-29 所示。

(2) 打开附带光盘中的"模块 03\水墨金鱼.psd"文件，将其拖至正在编辑的文档中，缩小并调整图像的不透明度，如图 3-30 所示。

图 3-29　　　　　　　　　　　　　　　　　　图 3-30

(3) 打开附带光盘中的"模块 03\水墨荷花.jpg"文件，将其拖至正在编辑的文档中，缩小并调整图像的混合模式，效果如图 3-31 所示。

图 3-31

# 知识点扩展

## 01 路径的概念

　　路径是构成图形的基础，任何复杂的图形都是由路径绘制而成的。复合路径是编辑路径时的一种方法，通过这种方法可以得到形状复杂的图形。

> **提 示**
>
> 　　用户可以将路径的默认轮廓样式更改为任何轮廓类型，包括无轮廓。但是，无轮廓的路径在线框视图中是可见的。

> **知 识**
>
> 　　路径是指由各种绘图工具所创建的直线、曲线或几何形状对象，它是组成所有图形和线条的基本元素。路径由一个或多个路径组件，即由节点连接起来的一条或多条线段的集合构成。

### 1. 路径

　　路径与节点是矢量绘图软件所绘图形中最基本的组成元素。读者可使用自由路径绘制工具创建各种形状的路径，然后通过对路径上的节点或控制柄进一步编辑，以此来达到创建的要求。如图 3-32 所示为通过编辑路径得到的复杂路径图形。

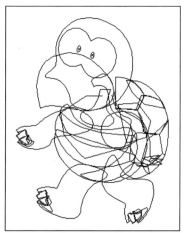

图 3-32

> **知 识**
>
> 　　理论上路径没有宽度和颜色，当它被放大时，不会出现锯齿现象。只有为路径添加轮廓线后，它才具有宽度和颜色。默认状态下，路径显示为黑色的细轮廓，这使用户可以清楚地观察所创建的路径。

1)　开放路径和闭合路径

Illustrator 中的路径有两种类型，一种是开放路径(它们的端点没有连接在一起)，在对这种路径进行填充时，可在该路径的两个端点假定一条连线，从而形成闭合的区域，比如圆弧和一些自由形状的路径。

另一种是闭合路径，它们没有起点或终点，能够对其进行填充和轮廓线填充，如矩形、圆形或多边形等，如图 3-33 所示。

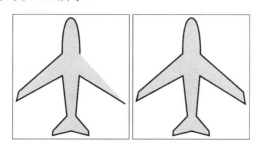

图 3-33

知 识

控制柄和控制点用于确定曲线段的长度和形状。调整控制柄将改变路径中曲线段的形状。通过改变控制点的角度及其与节点之间的距离，可以控制曲线段的曲率。

2)　路径的组成

路径由锚点(也称为节点)和线段组成，用户可通过调整一个路径上的锚点和线段来更改其形状，如图 3-34 所示。

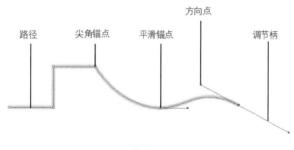

图 3-34

知 识

- 锚点：路径上的某一个点，它用来标记路径段的端点，通过对锚点的调节，可以改变路径段的方向。当一个路径处于被选状态时，将显示所有的锚点。
- 线段：一个路径上两个锚点之间的部分。
- 端点：所有的路径段都以锚点开始和结束，整个路径开始和结束的锚点，叫作路径的端点。
- 控制柄：在一个曲线路径上，每个选中的锚点显示一个或两个控制柄，控制柄总是与曲线上锚点所在的圆相切，每一个控制柄的角度决定了曲线的曲率，而每一个控制柄的长度将决定曲线弯曲的高度和深度。

● 控制点: 控制柄的端点称为控制点, 处于曲线段中间的锚点将有两个控制点, 而路径的端点只有一个控制点, 控制点可以确定线段在经过锚点时的曲率。

### 2. 复合路径

将两个或多个开放或者闭合路径进行组合后, 就会形成复合路径。通常在设计中, 经常要复合路径来组成比较复杂的图形, 如图 3-35 所示。

图 3-35

**提 示**

组合后的图形无法创建复合路径。

将对象定义为复合路径后, 复合路径中的所有对象都将应用堆叠顺序中最后一个对象的颜色和样式属性, 如图 3-36 所示。选中两个以上的对象, 右击鼠标, 在弹出的快捷菜单中选择【建立复合路径】命令, 即可创建出复合路径。

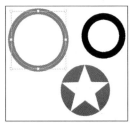

图 3-36

**知 识**

复合路径包含两个或多个已填充颜色的路径, 因此在路径重叠处将呈现镂空透明状态, 如图 3-37 所示。

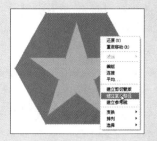

图 3-37

## 02　绘制路径

使用自由路径绘制工具，就像我们平常用笔在纸上作画一样，具有很大的灵活性，所绘制出的路径称为贝塞尔曲线，这些路径可以构成某些复杂图形的外轮廓。

### 1. 钢笔工具

用【钢笔工具】绘制直线路径的方法非常简单，只要选择工具后在起点和终点处单击就可以了，按住 Shift 键可以绘制水平或垂直的直线路径，如图 3-38 所示。

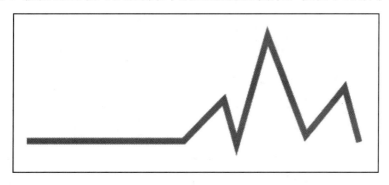

图 3-38

**提 示**

再次单击【钢笔工具】，或者单击其他工具，可以终止当前路径的绘制。

选择【钢笔工具】后单击并释放鼠标，得到的是直线型的节点；单击并拖动后释放得到的是平滑型节点，调节柄的长度和方向的调整都可以影响两个节点间曲线的弯曲程度，如图 3-39 所示。

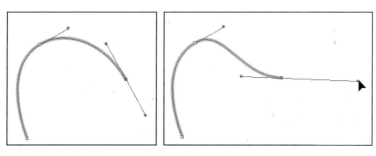

图 3-39

**提 示**

用【钢笔工具】在页面中可以创建两种形态的路径，分别为闭合路径和开放路径。一般情况下，闭合路径用于图形和形状的绘制，开放路径用于曲线和线段的绘制。

技 巧

按住 Alt 键可以从【钢笔工具】切换到【转换锚点工具】；按住 Ctrl 键可以从【钢笔工具】切换到【选择工具】。

### 2. 添加、删除和转换锚点工具

选择【添加锚点工具】，然后将鼠标指针移动到锚点以外的路径上单击，即可将在路径上单击的位置添加一个新锚点，如图 3-40 所示。

图 3-40

选择【删除锚点工具】，在路径中的任意锚点上单击，即可将该锚点删除，删除锚点后的路径会自动调整形状，如图 3-41 所示。

图 3-41

选择【转换锚点工具】，可以改变路径中锚点的性质。在路径的平滑锚点上单击，可以将平滑锚点变为尖角锚点。在尖角锚点上按住鼠标左键拖动，可以将尖角锚点转换为平滑锚点，如图 3-42 所示。

图 3-42

## 03　编辑路径

创建一个自由形状的路径时，除了可以通过节点进行编辑之外，大多数情况下还是要使用有关路径编辑的命令，来对路径进行相关的修整。

### 1. 延伸或者连接开放路径

当用户需要在原有的开放路径上继续编辑时，可以使用【钢笔工具】![]来扩展该路径。从工具箱中选择【钢笔工具】![]，将鼠标指针移动到需要延伸的开放路径的一个端点，这时在【钢笔工具】![]的右下方会出现"/"标志，表明当前可以延伸该路径。单击这个端点，该路径就会被激活，用户就可对它进行延伸和编辑，如图 3-43 所示。

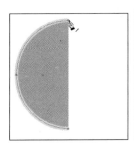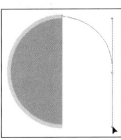

图 3-43

如果要将一个路径连接到另一个开放路径时，可将鼠标移动到另一个路径的端点，这时钢笔工具的右下方会出现一个未被选择的节点标志，表明当前可以进行路径的连接，单击即可将这两个路径连接。

### 2. 连接路径端点

使用【连接】命令可以将两个开放路径的两个端点连接起来，以此形成一个闭合路径，也可以将一个开放路径的两个端点连接起来。

具体操作步骤如下。

(1) 如果连接一个开放路径的两个端点，可以先选择该路径，然后执行【对象】→【路径】→【连接】命令，这时这两个端点会连接在一起，生成一个路径。

(2) 如果连接的是两个开放路径的端点，可使用【直接选择工具】![]选中所要连接的端点。

(3) 执行【连接】命令，这两个开放路径的两个端点就会连接在一起，如图 3-44 所示。

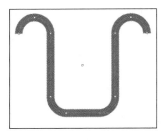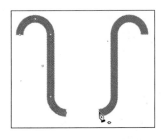

图 3-44

提示

在连接两个开放路径时，必须先选中路径的两个端点，然后才能使用连接命令，而且连接命令不能用于文本路径和图表对象中。如果两个路径都是群组对象，那它们必须在同一个群组中，否则会出现一个对话框提示用户不能实现该操作。

### 3. 简化路径

选中需要简化的路径，执行【对象】→【路径】→【简化】命令，可以打开【简化】对话框，如图 3-45 所示。在这个对话框中包括两个选项组，即【简化路径】选项组和【选项】选项组，可以精确设置简化路径。

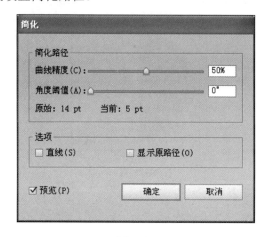

图 3-45

使用【简化】命令可以减少路径上的锚点，并且不会改变路径的形状。

知 识

【简化】对话框中各参数的含义介绍如下。

- 曲线精度：该项用来设置路径的简化程度，它的取值范围为 0～100%。设置的百分比越高，减去的节点就越少；反之，减去的节点就越多。
- 直线：选中该复选框后，所选择的路径的节点之间会生成直线，也就是说如果选择的是曲线段将会变成直线段。
- 显示原路径：选中该复选框时，在简化后的路径上面会显示原来路径的轮廓。
- 角度阈值：该项用来控制角的平滑程度，可调整范围为 0～180 度，如果角点的度数小于角度阈值，则这个角点不会改变；它可以用来保持角的尖锐度，即使在转换精确度很低时；但如果一个角点的度数超过所设置的角度阈值时，则所选择的路径会被删除。

### 4. 使用再成形工具

使用【整形工具】能够在保留路径的一些细节的前提下，通过改变一个或多个节点的位置，或者调整部分路径的形状，来改变路径的整体形状。

当使用【整形工具】选择一个节点后，它周围将出现一个小正方形，如果用户拖动所选择的节点，则节点两边的路径会随着拖动有规律地弯曲，而未选择的节点会保持原来的位置不变。

当需要使用该工具时，可参照下面的步骤进行操作。

(1) 使用【直接选择工具】 ![](）将需要调整的路径选中，或者使用【直接选择工具】 ![](）选中单独的节点。

(2) 选择【整形工具】 ![](）。

(3) 将鼠标指针移动到需要调整的节点或者是线段上单击，这时在节点周围会出现一个小正方形，以此来突出显示该点。按下 Shift 键可以连续选择多个节点，它们都将突出显示。如果单击一个路径段，则在路径上会增加一个突出显示的节点。

(4) 使用【整形工具】 ![](）单击节点向所需要的方向拖动，在拖动的过程中，使用选择工具选中的节点将随着用户的拖动而发生位置和形状的改变，而且各节点之间的距离会自动调整，而未选中的节点将保持原来的位置不变。图 3-46 是使用该工具进行调整的过程。

图 3-46

### 5. 切割路径

使用【剪刀工具】 ![](）可以将一个闭合的路径分为一个或多个开放的路径。首先使用选择工具选中需要进行切割的路径，然后在工具箱中选择【剪刀工具】 ![](），当鼠标指针变成十字形状时，在路径上单击即可切割路径。如果在一个路径段上分离该路径，则所产生的两个端点是相互重合的，并且一个端点处于选中状态；如果在一个节点处分离路径，则在原来的路径上会出现一个新的节点，并且一个节点处于选中状态。可以使用【直接选择工具】 ![](）调整新的节点或路径，图 3-47 是使用该工具切割并调整后的效果。

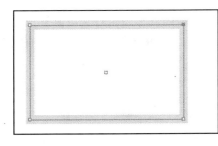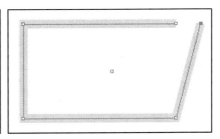

图 3-47

### 6. 偏移路径

执行【偏移路径】命令，可以在原来轮廓的内部或外部新增轮廓，它和原轮廓保持一定的距离。在为路径添加轮廓时，要先选择路径，然后执行【对象】→【路径】→【偏移路径】命令，打开【偏移路径】对话框，如图 3-48 所示，设置路径的偏移属性。

图 3-48

如果所选择的是闭合路径，则在【位移】文本框中输入正值时，将在所选路径的外部产生新的轮廓；反之，当设置为负值时，将在所选路径的内部产生新的路径。如果所选择的是开放的路径，则在该路径的周围会形成闭合的路径。

【连接】选项用来设置所产生的路径段拐角处的连接方式，单击右侧的三角按钮，在弹出的下拉列表框中可以看到三个连接方式，分别为【斜接】、【圆角】和【斜角】。

**知 识**

在【偏移路径】对话框中，【连接】选项分别选择【斜接】、【圆角】和【斜角】三种方式时的效果如图 3-49 所示。

图 3-49

### 7. 轮廓化描边

使用【对象】菜单中的【轮廓化描边】命令，可以在路径原有的基础上产生轮廓线，它的轮廓线属性与原路径是相同的。操作时先选择路径，然后执行【对象】→【路径】→【轮廓化描边】命令，如图 3-50 所示，左图为原图，中间为执行过该命令后的状态，右图为解除群组状态并调整位置后的效果。

图 3-50

## 04　画笔工具

使用【画笔工具】可以绘制自由路径，并且可以为其添加笔刷，丰富画面效果。在使用【画笔工具】绘制图形之前，首先要在【画笔】面板中选择一个合适的画笔，选用的画笔不同，所绘制的图形形状也不相同。

### 1. 预置画笔

双击工具箱中的【画笔工具】，将弹出如图 3-51 所示的【画笔工具选项】对话框，在该对话框中设置相应的选项及参数，可以控制路径的锚点数量及其平滑程度。

图 3-51

> **知 识**
>
> 要取消路径的画笔效果，可以先在页面中选择此画笔路径，然后在【画笔】面板中单击【移去画笔描边】×按钮，或选择【对象】→【路径】→【轮廓化描边】命令，将路径描边中的图案转换为群组的图案。

### 2. 创建画笔路径

创建画笔路径的方法很简单，首先选择【画笔工具】，在【画笔】面板中选择一种画笔，再将鼠标指针移动到页面中，单击并拖动鼠标即可创建指定的画笔路径。选择【窗口】→【画笔】命令或按 F5 键，会弹出如图 3-52 所示的【画笔】面板。

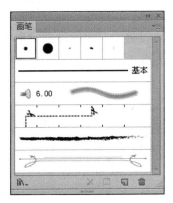

图 3-52

**知识**

【画笔工具选项】对话框中的各项参数介绍如下。

● 保真度：决定所绘制的路径偏离鼠标轨迹的程度，数值越小，路径中的锚点数越多，绘制的路径越接近鼠标指针在页面中的移动轨迹。相反，数值越大，路径中的锚点数就越少，绘制的路径与鼠标指针的移动轨迹差别也就越大。

● 平滑度：决定所绘制的路径的平滑程度。数值越小，路径越粗糙。数值越大，路径越平滑。

● 填充新画笔描边：选中此选项，绘制路径过程中会自动根据【画笔】面板中设置的画笔来填充路径。若未选中此选项，即使【画笔】面板中做了填充设置，绘制出来的路径也不会有填充效果。

● 保持选定：选中此选项，路径绘制完成后仍保持被选择状态。

● 编辑所选路径：选中此选项，用【画笔工具】 ✐ 绘制路径后，可以像对普通路径一样运用各种工具对其进行编辑。

### 3. 画笔类型

在【画笔】面板中，提供了书法、散点、毛刷、图案和艺术类型画笔，组合使用这几种画笔可以得到千变万化的图形效果。

● **散点画笔**：可以创建图案沿着路径分布的效果，如图 3-53 所示。

● **书法画笔**：可以沿着路径中心创建出具有书法效果的笔画，如图 3-54 所示。

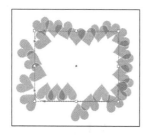

图 3-53

图 3-54

● **毛刷画笔**：使用毛刷画笔可以像使用水彩和油画颜料那样利用矢量的可扩展性和可编辑性来绘制和渲染图稿。在绘制的过程中，可以设置毛刷的特征，如大小、长度、厚度和硬度，还可设置毛刷密度、画笔形状和不透明绘制。毛刷画笔的效果如图 3-55 所示。

图 3-55

● **图案画笔**：可以绘制由图案组成的路径，这种图案沿着路径不断地重复，如图 3-56 所示。

图 3-56

● **艺术画笔**：可以创建一个对象或轮廓线沿着路径方向均匀展开的效果，如图 3-57 所示。

图 3-57

### 4. 设置画笔选项

在画笔选项对话框中可以重新设置画笔的各项参数，从而绘制出更理想的画笔效果。在【画笔】调板中需要设置的画笔上双击，即可弹出该画笔的画笔选项对话框，如图 3-58 所示。

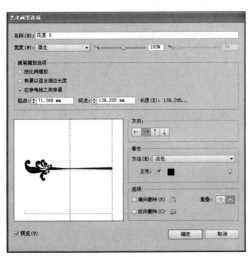

图 3-58

---

提 示

　　选择应用画笔的路径，单击【画笔】调板中的【所选对象的选项】按钮，或者选择一种画笔，单击【画笔】调板右上角的按钮，在弹出的下拉菜单中选择【画笔选项】命令，都可以打开该画笔的画笔选项对话框。

对画笔选项对话框中的各项参数进行设置以后，单击【确定】按钮，系统将弹出如图 3-59 所示的对话框。

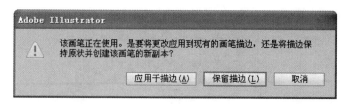

图 3-59

如果想在当前的工作页面中将已使用过此类型画笔的路径更改为调整以后的效果，单击【应用于描边】按钮；如果只是想将更改的笔触效果应用到以后的绘制路径中，则单击【保留描边】按钮。

1) 书法画笔的设置

在需要设置的书法画笔上双击，即可弹出该画笔的【书法画笔选项】对话框，如图 3-60 所示。

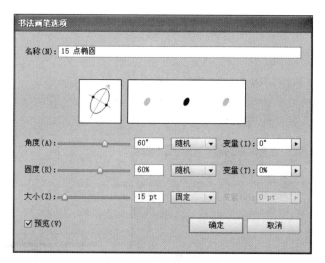

图 3-60

知 识

【书法画笔选项】对话框中各参数的含义介绍如下。

- 名称：画笔的名称。
- 角度：用来设置画笔旋转的角度。
- 圆度：用来设置画笔的圆滑程度。
- 大小：用来设置画笔的大小。

在【书法画笔选项】对话框中【名称】、【角度】、【圆度】和【大小】4 个选项的右侧都有一个下拉列表框，其中的【固定】表示输出的点状图形大小、间距、点状或旋转角度为一个固定的值；【随机】表示在两个值的中间取值，使图形呈现大小不一、距离不等的效果；【压力】用来控制画笔的硬度。

2)　散点画笔的设置

在散点画笔上双击，即可弹出该画笔的【散点画笔选项】对话框，如图 3-61 所示。

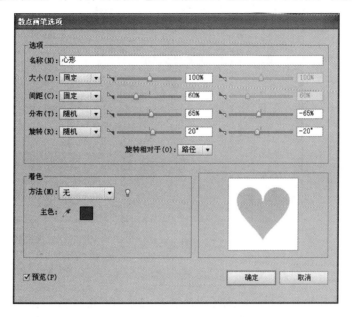

图 3-61

知 识

【散点画笔选项】对话框中各项参数的含义介绍如下。

● 名称：画笔的名称。
● 大小：用来控制呈点状分布在路径上的对象大小。
● 间距：用来控制在路径两旁的对象的空间距离。
● 分布：用来控制对象在路径两旁与路径的远近程度。数值越大，对象距离路径越远。
● 旋转：用来控制对象的旋转角度。
● 旋转相对于：从该下拉列表框中可以选择分布在路径上的对象的旋转方向。"页面"是指相对于页面进行旋转，0°是指页面的顶部；"路径"是指相对于路径进行旋转，0°是指路径的切线方向。
● 方法：在该下拉列表框中可以设置路径中对象的着色方式。【无】表示保持对象在控制面板中的颜色。【色调】表示可以对象重新上色。【淡色和暗色】表示系统以不同轻重的画笔色彩和阴影显示画笔的笔画。【色相转换】表示系统将以关键色显示，可以用下面的【主色】色块设置关键色。

3)　艺术画笔的设置

在需要设置的艺术画笔上双击，即可弹出该画笔的【艺术画笔选项】对话框，如图 3-62 所示。

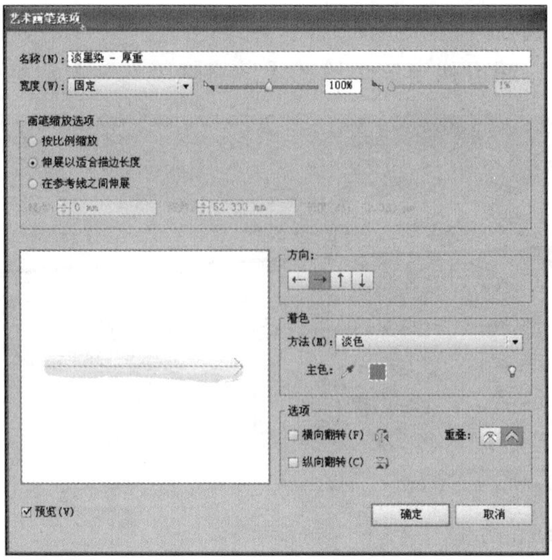


图 3-62

**提 示**

如果不满意现在的画笔样式，则可以选择其他艺术画笔样式。选择【窗口】→【画笔库】→【艺术效果】菜单下的任意命令，可以打开其他画笔样式，如图 3-63 所示为【艺术效果_画笔】面板。

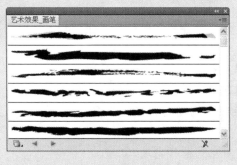

图 3-63

**知 识**

【艺术画笔选项】对话框中各项参数的含义介绍如下。

- 名称：画笔的名称。
- 宽度：设置画笔的宽度比例。
- 画笔缩放选项：设置画笔缩放的方式。
- 方向：决定画笔的终点方向，共有 4 种方向。
- 横向翻转和纵向翻转：改变画笔路径中对象的方向。

4) 图案画笔的设置

在需要设置的图案画笔上双击，即可弹出该画笔的【图案画笔选项】对话框，如图 3-64 所示。

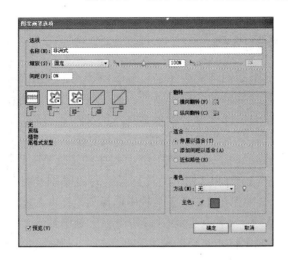

图 3-64

【图案画笔选项】对话框中各项参数的含义介绍如下。

● 名称：画笔的名称。

● 缩放：设置画笔的大小比例。

● 间距：定义应用于路径的各拼贴之间的间距值。

● 翻转：改变画笔路径中对象的方向。

● 适合：可以选择如何在路径中匹配拼贴图。【伸展以适合】表示加长或缩减图案拼贴图来适应对象，但有可能导致拼贴不平整。【添加间距以适合】表示添加图案之间的间隙，使图案适合路径。【近似路径】表示在不改变拼贴图的情况下，将拼贴图案装配到最接近路径。为了保持整个拼贴的平整，该选项可能将图案应用于路径向里或向外一点的地方，而不是路径的中间。

图案画笔一共有 5 种类型的拼贴图案，组合起来成为画笔的对象，分别是起点拼贴、终点拼贴、边线拼贴、外角拼贴和内角拼贴。在选择了拼贴类型后，可以在定义拼贴图案列表中进行选择，如图 3-65 所示。

图 3-65

## 05 建立并修改画笔路径

选择【画笔】调板中不同的画笔类型，可以绘制出不同类型的画笔路径，但是，所有的画笔路径必须是简单的开放或闭合路径，并且画笔样本中不能带有应用渐变、渐变网格填充的混合颜色，或其他的位图图像、图表和置入的文件。另外，艺术画笔样本和图案画笔样本中不能带有文字，即不能使用文字创建一个画笔样本。

当需要创建一个画笔路径时，可直接使用工具箱中的【画笔工具】 进行绘制，另外，使用工具箱中的【钢笔工具】 和【铅笔工具】 ，以及基础绘图工具都可创建笔刷路径，但是在使用这些工具时，必须先在【画笔】调板中选择画笔样本，才能够进行绘制。

当使用【画笔工具】 或者其他绘图工具绘制出画笔路径后，还可以对其进一步编辑，如更改路径中单个的画笔样本对象的图案和颜色等，以使路径更符合创建作品的要求。

### 1. 改变路径上的画笔样本对象

当需要编辑路径中的画笔样本对象时，可以参照下面的步骤进行操作。

(1) 使用工具箱中的【选择工具】 选中需要修改的画笔路径。

(2) 执行【对象】→【扩展外观】命令，所选择的笔刷路径将显示出画笔样本的外观，如图 3-66 所示。

图 3-66

> **提 示**
>
> 对于开放路径来说，拼贴的图案将依次被用在路径开始的地方、路径中、路径结束的地方。如果应用画笔的路径有拐角，那么拼贴图案将用到外角拼贴和内角拼贴。对于封闭路径来说，将会用到边线拼贴、外角拼贴和内角拼贴。效果如果 3-67 所示。

图 3-67

(3) 这时就可使用工具箱中的直接选择工具选中单个的对象，然后移动、变换或改变其颜色等，直到用户满意为止。

### 2. 移除路径上的画笔样本

如果需要将笔刷路径上的对象移除，将其恢复为普通的路径，可按下面的步骤进行操作。

(1) 使用工具箱中的选择工具选中需要修改的笔刷路径。

(2) 执行【窗口】→【画笔】命令，启用【画笔】调板，单击调板底部的【移去画笔描边】按钮，就可将路径中的画笔样本移除；另外，单击该调板右上角的三角按钮，在弹出的调板菜单中执行【移去画笔描边】命令，也可将路径中的画笔样本移除，如图 3-68 所示。

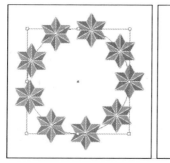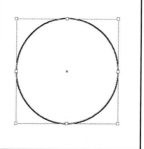

图 3-68

提　示

执行【窗口】→【颜色】命令，在启用的【颜色】调板中设置为无轮廓填充，或直接在工具箱底部进行设置，也可以移除路径中的画笔样本，这时如果取消路径的选择，它将是不可见的，如图 3-69 所示。

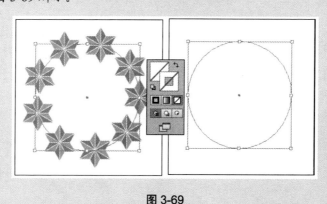

图 3-69

## 06　使用画笔样本库

默认状态下，【画笔】调板只显示几种基本的画笔样本，当用户需要更多种画笔样本时，可从 Illustrator CS6 提供的画笔样本库中查找。画笔样本库可以帮助用户尽快地应用所需要的画笔样本，以提高绘图的速度。

虽然画笔样本库中存储了各种各样的画笔样本，但是用户不能直接对它们进行添加、删除等编辑操作，只有把画笔样本库中的画笔样本导入笔刷调板后，才能改变它们的属性。

当需要从画笔样本库中导入画笔样本时，可参照下面的操作步骤进行。

(1) 在【窗口】菜单中选择【画笔库】命令，在其子菜单中包括了 9 种画笔样本类型，用户可根据需要选择，如图 3-70 所示。

图 3-70

(2) 例如，执行【窗口】→【画笔库】→【边框】→【边框_装饰】命令后，将会弹出【边框_装饰】调板。当用户选择调板中的一种画笔样本时，所选择的样本将被放置到【画笔】调板中，如图 3-71 所示。

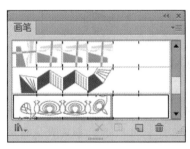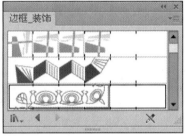

图 3-71

(3) 执行【窗口】→【画笔库】→【其他库】命令，将弹出【其他库】对话框，在该对话框中，用户可从其他位置选择含有画笔样本的文件，然后打开并使用这些样本。

(4) 执行【窗口】→【画笔库】→【用户自定义】命令，可以打开已经存储过的画笔调板，如图 3-72 所示。

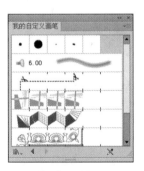

图 3-72

(5) 可以将常用的画笔样本添加到【笔刷】调板中，并执行【保存文件】命令将其存储为 Illustrator SC6 文件。再次编辑对象时，执行【窗口】→【画笔库】→【用户自定义】

命令，打开上一次保存的 Illustrator CS6 文件，即可将保存在文件中的【画笔】调板一同打开，但是，它不与现有的页面中的【画笔】调板合并，而是生成了另一个新调板。

# 07　自定义画笔

除了使用系统内置的画笔以外，还可以根据需要创建新的画笔，并可以将其保存到【画笔】调板中，在以后的绘图过程中长期使用。

选择用于定义新画笔的对象，然后在【画笔】调板的下方单击【新建】按钮 ，或者单击面板右上角的 按钮，在弹出的菜单中选择【新建画笔】命令，打开图 3-73 所示的对话框。

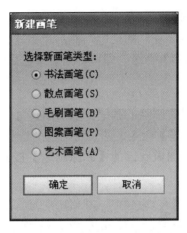

图 3-73

在对话框中选择好画笔类型，单击【确定】按钮，弹出【画笔选项】对话框，进行相关参数的设置后，单击【确定】按钮，就完成了新画笔的创建。

提 示

创建图案画笔，可以使用简单的路径来定义，也可以使用【色板】调板中的"图案"来定义。打开【色板】面板，将绘制的图形拖动到其中，如图 3-74 所示。双击添加好的图标，在弹出的对话框中命名图标。

图 3-74

## 08　画笔的管理

在【画笔】面板中可以对画笔进行管理，主要包括画笔的显示、复制、删除等。

### 1. 画笔的显示

在默认状态下，画笔将以缩略图的形式在【画笔】调板中显示，单击【画笔】调板右上角的 ▼ 按钮，在弹出的菜单中选择【列表视图】命令，画笔将以列表的形式在【画笔】调板中显示。

### 2. 画笔的复制

在对某种画笔进行编辑前，最好将其复制，以确保在操作错误的情况下能够进行恢复。在【画笔】调板中选择需要复制的画笔，然后单击【画笔】调板右上角的 ▼ 按钮，在弹出的菜单中选择【复制画笔】命令，即可将当前所选择的画笔复制。

### 3. 画笔的删除

在【画笔】调板中选择需要删除的画笔，然后单击【画笔】调板右上角的 ▼ 按钮，在弹出的菜单中选择【删除画笔】命令，即可将当前所选择的画笔删除。在【画笔】调板中选择需要删除的画笔，单击面板底部的【删除画笔】按钮 🗑 ，也可以在【画笔】面板中将画笔删除。

---

**技 巧**

在需要复制的画笔上按下鼠标左键，并将其拖动到底部的【新建】按钮上，释放鼠标后，也可以在【画笔】调板中将拖动的画笔复制。

---

# 独立实践任务　1课时

### 设计制作音乐会海报

#### 任务背景

某音像公司要在 2015 年 5 月 10 号开展一场国际音乐会，该音乐会的主题是回顾音乐发展历程，为达到预期的宣传效果需制作一批音乐会的宣传海报。

#### 任务要求

用激情的艺术线条展现音乐的魅力。

#### 任务分析

用磁带这一具象的图形为主，突出音乐这一主题，通过柔美的线条来表现音乐带给人们的灵动感受。

**任务参考效果图**

## 习　　题

(1) 在矢量绘图软件中，_____和锚点是最基本的组成元素。

    A. 控制柄                      B. 路径

    C. 控制点                      D. 节点

(2) 在一个路径中，开始和结束的节点，叫作路径的_____。

    A. 端点                        B. 角点

    C. 平滑点                      D. 控制点

(3) 当用户使用【画笔工具】绘制路径时，可以设置它的参数，其中【保真度】选项可用的范围为_____。

    A. 0～100 像素             B. 0.1～50 像素

    C. 0.5～20 像素             D. 1～100 像素

(4) 使用_____命令可以减少路径上的锚点，并且不会改变路径的形状。

    A. 偏移                        B. 简化路径

    C. 轮廓化描边               D. 以上答案都不对

(5) 在使用钢笔工具绘制直线时，按下_____可起到约束的作用。

    A. Alt 键                     B. Shift 键

    C. Ctrl 键                   D. Ctrl+ Alt 键

(6) 使用_____工具可以在群组中选择单个对象、在多重群组中选择一个单独的群组或者在一个复杂的嵌套群组中选择多个群组。

    A. 选择工具                  B. 直接选择工具

    C. 组选择工具              D. 套索工具

(7) 在对路径上的节点进行编辑时，除了可使用添加、删除节点工具外，还可以使用_____进行操作。

  A. 钢笔工具       B. 铅笔工具

  C. 擦除工具       D. 以上答案都不对

(8) 画笔包括_____、毛刷画笔、散点画笔、图案画笔和艺术画笔五种类型。

  A. 书法画笔       B. 轮廓化

  C. 矢量包        D. 装饰画笔

(9) 在【路径查找器】调板中，_____中的命令用于路径对象之间的相互修剪。

  A. 联集        B. 减去顶层

  C. 交集        D. 差集

# 模块 04　设计与制作旅游景点参观券
## ——对象的基本操作

**能力目标**

1. 掌握对象的基本操作技巧
2. 可以自己设计制作参观券

**软件知识目标**

1. 掌握选取和变换对象
2. 掌握隐藏和显示对象的操作
3. 掌握对象次序的调整

**专业知识目标**

1. 参观券的专业知识
2. 变换对象的操作
3. 调整对象的次序
4. 将对象进行编组

**课时安排**

2 课时(讲 1 课时，实践 1 课时)——(完成模拟制作任务和掌握入门知识 1 课时，完成独立实践任务 1 课时)

# 模拟制作任务　1 课时

### 设计制作旅游景点参观券

**任务背景**

北京天坛大佛景区经过 2 年的精修和扩建，预计在五一旅游高峰来临之际正式向广大游客开放，为配合景区的宣传，提升旅游景点的形象和知名度，该景点宣传科委托本公司为其制作景区的门票。

**任务要求**

该景区在很久以前是皇帝用来祭天的神圣场所，大佛本身洋溢着信仰情感的文化遗存，其极具异域格调的外在形态和充斥着人文意识的内在涵养，是古代社会广大人民对现实世界充满诉求意愿的物质折射。所以在画面整体设计上要简洁、驻足细节，运用现代的设计理念与传统表现方法相结合，打造出能够展现该景区特点的门票。

### 任务分析

该景区以古典建筑居多，最具特色的是天坛大佛，所以在参观券的设计风格上采用中国传统设计手法，以天坛大佛的图像作为正面的主体图案，背面通过添加必要的文字信息及景点的图片和简介，达到向游客宣传的目的。

### 本案例的难点

参观券正面图像的制作是本任务的难点。首先为背景填充淡淡的土黄色，增强古色古香的韵味，接着添加天坛大佛的图像，通过调整图像的大小及虚实增强画面的层次感，通过添加光晕增强画面的空间感，使大佛更加真实、富有质感，然后在背景上添加绿色竹子和喜鹊作为装饰，增加禅的意境，最后标明检票剪角的位置及景点的名称。

### 点拨和拓展

进入某些场所如公园、博物馆、体育场等的凭证称为门票，也被称作参观券，一般是一次性的，而且需要花钱购买。按质地分：有纸质门票、塑料门票、金属门票、磁卡门票等；按形式分：有普通门票、特殊门票；按性质分：有旅游门票、非旅游门票；按参观地分：有园林门票、场馆门票。一般都印有参观时间、票价或持券者应注意的事项。

### 任务参考效果图

# 操作步骤详解

### 1. 新建文件并创建正面背景图像

(1) 执行【文件】→【新建】命令，创建一个新文件，如图 4-1 所示。

(2) 使用【矩形工具】绘制一个比页面大小每边大 3mm 的矩形，并使其与页面中心对齐，如图 4-2 所示。

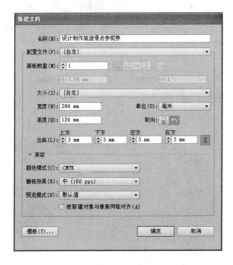

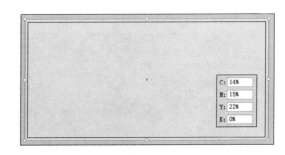

图 4-1　　　　　　　　　　　　　　图 4-2

(3) 打开本章素材"佛.psd"文件，将其拖至当前正在编辑的文档中，配合键盘上的 Shift+Alt 键缩小图像，如图 4-3 所示。

(4) 将佛像所在图层拖至【图层】调板底部的【创建新图层】按钮上复制图层，然后在【透明度】调板中调整图层的混合模式及不透明度参数，如图 4-4 所示。

图 4-3　　　　　　　　　　　　　　图 4-4

(5) 再次将"佛.psd"文件拖至当前正在编辑的文档中，双击【镜像工具】，参照图 4-5 所示，在弹出的【镜像】对话框中进行设置，然后单击【确定】按钮，镜像图像，效果如图 4-6 所示。

图 4-5 图 4-6

(6) 在【透明度】调板中调整图像的不透明度参数，如图 4-7 所示。

(7) 打开本章素材"喜鹊.psd"将其拖至当前正在编辑的文档中，如图 4-8 所示。

图 4-7 图 4-8

(8) 选择【光晕工具】 在视图中创建光晕效果，如图 4-9～图 4-11 所示。

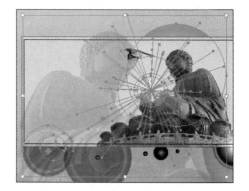

图 4-9 图 4-10

(9) 复制前面创建的土黄色矩形，右击并在弹出的快捷菜单中选择【排列】→【至于顶层】命令，调整对象的顺序，然后框选视图中的所有图形，右击并在弹出的快捷菜单中选择【创建剪切蒙版】命令，隐藏部分图像，如图 4-12 所示。

(10) 打开本章素材"竹子.psd"文件将其拖至当前正在编辑的文档中，垂直镜像图像并调整图像的大小及位置，如图 4-13 所示。

图 4-11

图 4-12

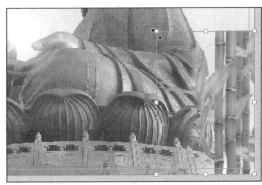

图 4-13

(11) 按住键盘上的 Alt 键拖动鼠标，复制竹子图像，如图 4-14 所示。

(12) 使用【矩形工具】绘制矩形，参照图 4-15 所示，在【渐变】调板中设置白色到黑色的渐变颜色。

图 4-14

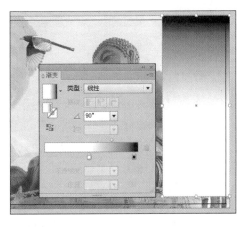

图 4-15

(13) 同时选中渐变矩形和前面复制的竹子图像，在【透明度】调板中单击【制作蒙版】按钮创建蒙版，如图 4-16 所示。

(14) 打开本章素材"竹芽.psd"文件将其拖至当前正在编辑的文档中，参照图 4-17 所示，复制并调整图像的位置。

图 4-16

图 4-17

(15) 参照图 4-18 所示，调整图像的不透明度。

(16) 选中所有竹子图像，使用快捷键 Ctrl+G 将其进行编组，使用快捷键 Ctrl+[调整图像的顺序，如图 4-19 所示。

图 4-18

图 4-19

**2. 添加装饰图形**

(1) 使用【椭圆工具】 绘制正圆图形，如图 4-20 所示。

(2) 打开本章素材"毛笔字.psd"文件，将其拖至当前正在编辑的文档中，使用【比例缩放工具】 配合键盘上的 Shift 键缩小图像，如图 4-21 所示。

(3) 使用【文字工具】 创建文字信息，然后使用【旋转工具】 将其旋转 90°，如图 4-22 所示。

(4) 使用【直排文字工具】 创建文字信息，调整绿色正圆图形至最上方，并将文字、毛笔字、正圆图形进行编组，如图 4-23 所示。

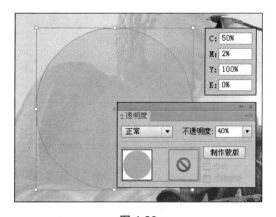

图 4-20

图 4-21

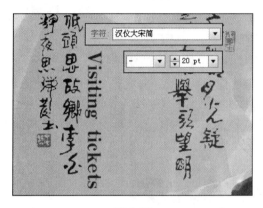

图 4-22

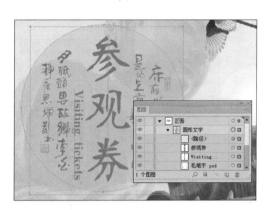

图 4-23

　(5) 使用【矩形工具】绘制黑色矩形，使用【选择工具】选中矩形，配合键盘上的 Shift 键将其旋转 45°，并创建其与土黄色矩形的相交图形，如图 4-24 所示。

　(6) 使用【文字工具】创建文字，并对文字进行旋转，如图 4-25 所示。

图 4-24

图 4-25

　(7) 单击【符号】调板底部的【符号库菜单】按钮，然后在弹出的菜单中选择【网页图标】命令，在打开的调板中拖动剪切符号到视图中，并旋转角度，如图 4-26 所示。

　(8) 使用【直线段工具】，并在【描边】调板中设置虚线效果，如图 4-27 所示。

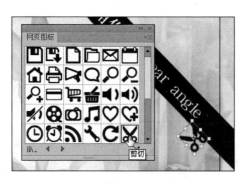

图 4-26

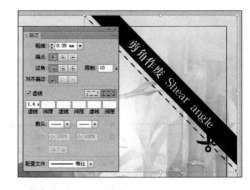

图 4-27

（9）最后参照图 4-28 所示，使用【文字工具】 T 创建文字，完成参观券正面的制作。

图 4-28

### 3. 创建参观券背面

（1）单击【画板工具】 ，然后单击选项栏中的【新建画板】 按钮，在视图中单击可创建"画板 2"，如图 4-29 所示。

（2）单击【图层】调板底部的【创建新图层】 按钮，新建图层并将其命名为"背面"，使用【矩形工具】 绘制一个比文档大小每边大 3mm 的矩形，并使其与文档中心对齐，如图 4-30 所示。

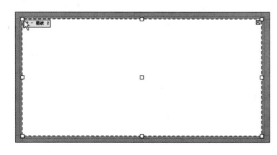

图 4-29

图 4-30

(3) 打开本章素材"效果图.jpg"文件，将其拖至当前正在编辑的文档中，并调整图像的大小及透明度，然后绘制白色到黑色的渐变矩形，如图 4-31 所示。

(4) 同时选中效果图和渐变矩形，单击【透明度】调板中的【制作蒙版】按钮，创建渐变图像，如图 4-32 所示。

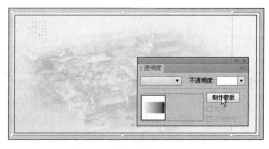

图 4-31　　　　　　　　　　　　　　　　　图 4-32

(5) 如图 4-33 所示，使用【文字工具】在视图中输入相关的文字信息。

图 4-33

(6) 打开本章素材"故宫.jpg 和房檐.jpg"文件，将其拖至当前正在编辑的文档中，参照图 4-34 所示，调整图像的大小及位置，并使用【矩形工具】绘制矩形。

(7) 同时选中矩形和故宫图像，右击并在弹出的快捷菜单中选择【创建剪切蒙版】命令，隐藏部分图像，如图 4-35 所示，完成本示例背面图像的制作。

图 4-34

图 4-35

# 知识点扩展

## 01 对象的选取

在编辑对象之前，首先要选取对象。在 Illustrator CS6 中，提供了 5 种选择工具，包括【选择工具】、【直接选择工具】、【编组选择工具】、【魔棒工具】和【套索工具】。除了这 5 种选择工具以外，Illustrator CS6 还提供了一个【选择】菜单。

### 1. 选择工具

选择【选择工具】，将鼠标移动到对象或路径上，单击即可选取对象，对象被选取后会出现 8 个控制手柄和 1 个中心点，使用鼠标拖动控制手柄可以改变对象的形状、大小等，如图 4-36 所示。

图 4-36

可使用【选择工具】 框选对象，选择【选择工具】 ，在页面上拖动画出一个虚线框，虚线框中的对象内容即可被全部选中。对象的一部分在虚线框内，对象内容就被选中，不需要对象的边界都在虚线区域内，如图 4-37 所示。

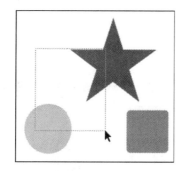 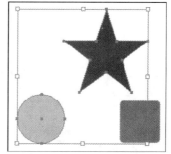

图 4-37

### 2. 直接选择工具

选择【直接选择工具】 ，用鼠标单击可以选取对象，如图 4-38 左图所示。在对象的某个节点上单击，可以选择路径上独立的节点，并显示出路径上的所有方向线以便于调整，被选中的节点为实心的状态，没有被选中的节点为空心状态，如图 4-38 中图所示。选中节点不放，拖动鼠标，可以改变对象的形状，如图 4-38 右图所示。

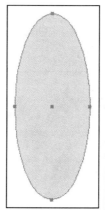 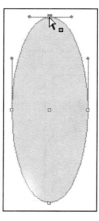 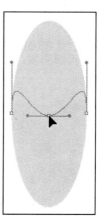

图 4-38

在移动节点的时候，按住 Shift 键，节点可以沿着 45°角的整数倍方向移动；在移动节点的时候，按住 Alt 键，可以复制节点，得到一段新路径。

可使用【直接选择工具】拖动出一个虚线框框选对象和节点，如图 4-39 所示。

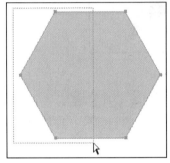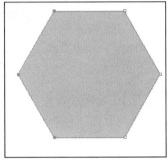

图 4-39

提 示

使用【编组选择工具】可以选择组合对象中的个别对象，如图 4-40 所示。

图 4-40

### 3. 魔棒工具

选择【魔棒工具】，通过单击对象可以选择具有相同的颜色、描边粗细、描边颜色、不透明度或混合模式的对象，如图 4-41 和图 4-42 所示。

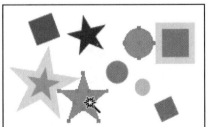

图 4-41

图 4-42

双击【魔棒工具】，可以打开【魔棒】调板，如图 4-43 所示。

图 4-43

【魔棒】调板中各复选框的含义介绍如下。

- 填充颜色：选中【填充颜色】复选框可以使填充相同颜色的对象同时被选中。
- 描边颜色：选中【描边颜色】复选框可以使填充相同描边颜色的对象同时被选中。
- 描边粗细：选中【描边粗细】复选框可以使填充相同描边宽度的对象同时被选中。
- 不透明度：选中【不透明度】复选框可以使相同透明度的对象同时被选中。
- 混合模式：选中【混合模式】复选框可以使相同混合模式的对象同时被选中。

#### 4. 套索工具

选择【套索工具】，在对象的外围单击，然后按住鼠标左键拖动绘制一个套索圈，鼠标经过的对象将同时被选中，如图 4-44 所示。

图 4-44

## 02 变换对象

对象常见的变换操作有旋转、缩放、镜像、倾斜等。拖动对象控制手柄可以进行变换操作；也可以选择工具箱中的【旋转工具】、【镜像工具】等变换工具进行变换参数的相关设置；还可以利用【变换】调板进行精确的基本变形操作；选取对象后，选择【对象】→【变换】命令或者利用右键菜单同样可以进行变换操作。

### 1. 移动对象

要移动对象，就要使被移动的对象处于选取状态。在 Illustrator CS6 中可以根据不同的需要灵活地选择多种方式移动对象。

1) 使用工具箱中的工具和键盘方向键移动对象

选择【选择工具】在对象上单击并按住鼠标左键不放，拖动鼠标至需要放置对象的位置，松开鼠标左键，即可移动对象，如图 4-45 所示。选取要移动的对象，用键盘上的方向键可以微调对象的位置。

图 4-45

2) 使用菜单命令

选择【对象】→【变换】→【移动】命令，弹出【移动】对话框，如图 4-46 所示。

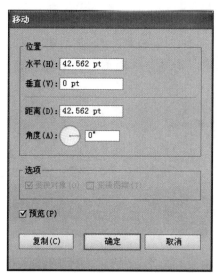

图 4-46

| 知识 |
| --- |

【移动】对话框中各选项的含义介绍如下。

● 水平：在【水平】数值框中输入对象在水平方向上移动的数值。

● 垂直：在【垂直】数值框中输入对象在垂直方向上移动的数值。

● 距离：在【距离】数值框中输入对象移动的数值。

● 角度：在【角度】数值框中输入对象移动的角度值。

● 复制：单击【复制】按钮可以在移动时进行复制。

| 知识 |
| --- |

按住 Alt 键可以将对象进行移动复制，若同时按住 Alt+Shift 键，可以确保对象在水平、垂直、45° 角的倍数方向上移动复制。

3)　使用【变换】调板

选择【窗口】→【变换】命令，可以打开【变换】调板，如图 4-47 所示，X 参数栏可以设置对象在 X 轴的位置，Y 参数栏可以设置对象在 Y 轴的位置，改变 X 轴和 Y 轴的值即可移动对象。若要更改参考点的设置，可以在输入值之前单击█中的一个参考基准点。

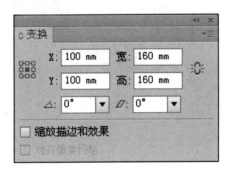

图 4-47

2. 复制对象

在 Illustrator CS6 中，对象的复制是比较常见的操作，当用户需要得到一个与所绘制对象完全相同的对象，或者想要尝试某种效果而不想破坏原对象时，可以创建该对象的副本。

1)　使用复制命令

复制对象时，要先选择所要复制的对象，然后执行【编辑】→【复制】命令，或者按 Ctrl+C 组合键，即可将所选择的信息输送到剪贴板中。

在使用剪贴板时，可根据需要对其进行一些设置，步骤如下。

(1) 执行【编辑】→【首选项】→【文件处理与剪贴板】命令，将会打开【文件及剪贴板】界面，如图 4-48 所示。

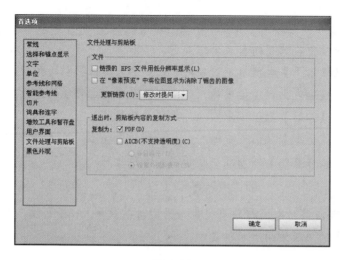

图 4-48

在【复制为】选项中有两个复选框，分别介绍如下。

● PDF：选中该复选框后，在复制文件时会保留图形的透明度。

● AICB：选中该复选框后将不复制对象的透明度，并将完整的有透明度的对象转换成多个不透明的小对象。它下面有两个单选按钮，当选择【保留路径】单选按钮时，将选定对象作为一组路径进行复制；而当选择【保留外观和叠印】单选按钮时，它将复制对象的全部外观，如对象应用的滤镜效果。

(2) 在【退出时，剪贴板内容的复制方式】选项组中，可以设置文件复制到剪贴板的格式。

(3) 设置完成后，单击【确定】按钮，这时再进行复制时，所做的设置就会生效。

在进行操作时，可在其他的应用程序中选定所要复制的对象，然后执行复制命令，然后打开一个粘贴该对象的 Illustrator 文件，再执行【编辑】→【粘贴】命令即可。

2) 使用拖放功能

有些格式的文件不能直接粘贴到 Illustrator 中，但是，可以利用其他应用程序所支持的拖放功能，拖动选定对象然后放置到 Illustrator 中。

当用户在复制一个包含 PSD 数据的 OLE 对象时，可以使用 OLE 剪贴板。从 Illustrator 中或其他应用程序中拖动出的矢量图形，都可转换成位图。

拖动一个图形到 Photoshop 窗口中时，可按下面的步骤进行：

(1) 先选择要复制的对象，并打开一个 Photoshop 图像文件窗口。

(2) 在 Illustrator 中的选定对象上按下鼠标左键向 Photoshop 窗口拖动，当出现一个黑色的轮廓线时，再松开鼠标按键。

(3) 这时可适当调整该对象的位置，按下 Shift 键，可以将该对象放置到图像文件的中心。

　　用户也可以将 Illustrator 中的图形对象转换成路径，同样是采用拖动的方法，只是要先按下 Ctrl 键再进行拖动，当松开鼠标按键时，所选择的对象会变成一个 Photoshop 路径。默认状态下，复制的选定对象将作为活动图层，如图 4-49 所示。

图 4-49

**提　示**

　　也可以从 Photoshop 中拖动一个图像到 Illustrator 文件中，具体操作时只要先打开需要复制的对象，并将其选中，然后使用 Photoshop 中的移动工具拖动图像到 Illustrator 文件中即可，如图 4-50 所示。

图 4-50

### 3. 缩放对象

在 Illustrator CS6 中可以快速而精确地缩放对象，既能在水平或垂直方向放大和缩小对象，也能在两个方向上对对象整体缩放。

1) 使用边界框

选取对象，对象的周围会出现控制手柄，用鼠标拖动各个控制手柄即可缩放对象，如图 4-51 所示。

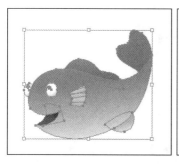

图 4-51

> **提 示**
>
> 拖动对象上的控制手柄时，按住 Shift 键，对象会成比例缩放，按住 Shift+Alt 键，对象会成比例地从对象中心缩放。

2) 使用【比例缩放工具】

选取对象，选择【比例缩放工具】，对象的中心出现缩放对象的中心控制点，用鼠标在中心控制点上单击并拖动可以移动中心控制点的位置，用鼠标在对象上拖动可以缩放对象，如图 4-52 所示。

图 4-52

3) 使用菜单命令

选择【对象】→【变换】→【缩放】命令，可以打开【比例缩放】对话框精确设置，如图 4-53 所示。

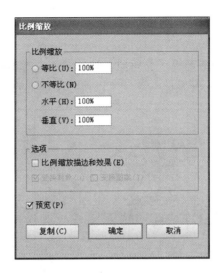

图 4-53

知 识

【比例缩放】对话框中各选项的含义介绍如下。

● 等比：在数值框中输入等比缩放比例。
● 不等比：在数值框中输入水平和垂直方向上的缩放比例。
● 比例缩放描边和效果：选中此复选框，笔画宽度会随对象大小比例的改变而进行缩放。
● 复制：单击【复制】按钮可以在缩放时进行复制。
● 预览：选中此复选框可进行效果预览。

提 示

在选取的对象上右击，在弹出的快捷菜单中选择【变换】→【缩放】命令，也可以打开【比例缩放】对话框。

4)　使用【变换】调板

选择【窗口】→【变换】命令，可以打开【变换】调板，如图 4-54 所示。【宽】参数栏可以设置对象的宽度，【高】参数栏可以设置对象的高度，改变宽度和高度值，就可以缩放对象。

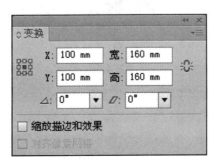

图 4-54

### 4. 镜像对象

1) 使用边界框

使用【选择工具】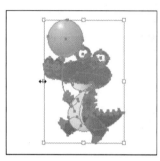 选取要镜像的对象，按住鼠标左键直接拖动控制手柄到另一边，直到出现对象的蓝色虚线，松开鼠标左键就可以得到不规则的镜像对象，如图 4-55 所示。

图 4-55

---

**提示**

直接拖动对象左边或右边的控制手柄到另一边，可以得到水平镜像。直接拖动上边或下边的控制手柄到另一边，可以得到垂直镜像。按住 Alt+Shift 键，拖动控制手柄到另一边，对象会成比例地沿对角线方向镜像。按住 Alt 键，拖动控制手柄到另一边，对象会成比例地从中心镜像。

---

2) 使用镜像工具

选取对象，选择【镜像工具】，用鼠标拖动对象进行旋转，出现蓝色虚线，即可实现图形的旋转变换，也就是围绕对象中心的镜像变换，如图 4-56 所示。

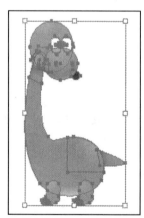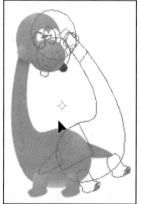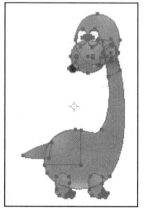

图 4-56

选取对象，选择【镜像工具】，在绘图页面上的任意位置单击，可以确定新的镜像轴标志的位置，用鼠标在绘图页面上的任意位置再次单击，则单击产生的点与镜像轴标志的连线成为镜像变换的镜像轴，对象在与镜像轴对称的地方生成镜像，如图 4-57 所示。

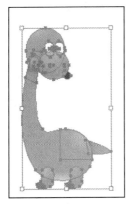

图 4-57

3)　使用菜单命令

选择【对象】→【变换】→【镜像】命令，可以打开【镜像】对话框，如图 4-58 所示。可选择沿水平轴或垂直轴生成镜像，在【角度】数值框中输入角度，则沿着此倾斜角度的轴进行镜像。单击【复制】按钮可以在镜像时进行复制。

图 4-58

提　示

使用【镜像工具】 镜像对象的过程中，在拖动鼠标时按住 Alt 键即可复制镜像对象，【镜像工具】 也可以用于旋转对象。

### 5. 旋转对象

在 Illustrator CS6 中可以根据不同的需要灵活地选择多种方式旋转对象。

1)　使用边界框

选取要旋转的对象，将鼠标指针移动到控制手柄上，当指针变为 形状时，按住鼠标左键拖动鼠标旋转对象，旋转到需要的角度后松开鼠标，如图 4-59 所示。

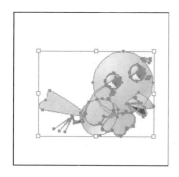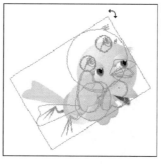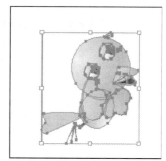

图 4-59

2)　使用旋转工具

选取对象，选择【旋转工具】 ，对象的四周会出现控制手柄，用鼠标拖动控制手柄即可旋转对象，对象围绕旋转中心 旋转。Illustrator CS6 默认的旋转中心是对象的中心点，将鼠标指针移动到旋转中心上，按住鼠标左键拖动旋转中心到需要的位置，可以改变旋转中心，通过旋转中心使对象旋转到新的位置，如图 4-60 所示。

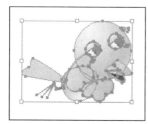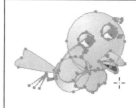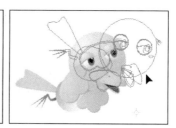

图 4-60

3)　使用菜单命令

选择【对象】→【变换】→【旋转】命令，可以打开【旋转】对话框，如图 4-61 所示。在【角度】数值框中输入对象旋转的角度。单击【复制】按钮即可在镜像时进行复制。

图 4-61

4)　使用变换调板

选择【窗口】→【变换】命令，可以打开【变换】调板，如图 4-62 所示，在【旋转】下拉列表框中选择旋转角度或在文本框中输入数值后按 Enter 键，即可完成旋转操作。

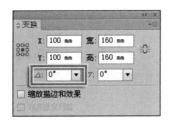

图 4-62

### 6. 倾斜对象

在 Illustrator CS6 中可以根据不同的需要灵活地选择多种方式倾斜对象。

1)　使用倾斜工具

选取对象，选择【倾斜工具】，对象的四周出现控制手柄，用鼠标拖动控制手柄或对象即可倾斜对象，如图 4-63 所示。

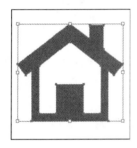

图 4-63

2)　使用菜单命令

选择【对象】→【变换】→【倾斜】命令，可以打开【倾斜】对话框，如图 4-64 所示。可选择水平或垂直倾斜，在【角度】数值框中可以输入对象倾斜的角度。单击【复制】按钮可以在倾斜时进行复制。

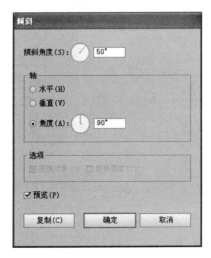

图 4-64

3) 使用【变换】调板

选择【窗口】→【变换】命令，可以打开【变换】调板，在【倾斜】下拉列表框中选择倾斜角度或在文本框中输入数值后，按 Enter 键即可完成倾斜操作，如图 4-65 所示。

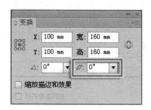

图 4-65

### 7. 再次变换对象

在某些情况下，需要对同一变换操作重复数次，在复制对象时尤其如此。利用【对象】→【变换】→【再次变换】命令，或按 Ctrl+D 快捷键，可以根据需要重复执行移动、缩放、旋转、镜像或倾斜操作，直至执行下一变换操作。

应用【再次变换】命令制作图案的操作步骤如下。

选取对象，选择【旋转工具】 ，将鼠标移动到中心上，按住鼠标左键拖动中心点到心形下端控制点位置，如图 4-66 所示。

按住 Alt+Shift 键，90° 旋转复制对象，如图 4-67 所示。

连续按两次 Ctrl+D 快捷键，90° 旋转复制两个心形，如图 4-68 所示。

图 4-66　　　　　　　　图 4-67　　　　　　　　图 4-68

### 8. 自由变换对象

选取对象，选择【自由变换工具】 ，对象的四周会出现控制手柄，在控制点上按住鼠标左键不放，然后按 Ctrl 键，此时可以对图形进行任意变形调整。同时按住 Ctrl+Alt 快捷键可以对图形进行两边对称的斜切变形。按住 Ctrl+Alt+Shift 快捷键可以进行透视变形调整，如图 4-69 右图所示。

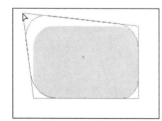
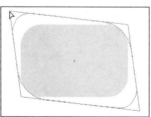

图 4-69

## 03　对象的隐藏和显示

使用【隐藏】子菜单中的命令可以隐藏对象。

（1）选取对象，选择【对象】→【隐藏】→【所选对象】命令或按 Ctrl+3 快捷键，可以将所选对象隐藏起来，如图 4-70 所示。

图 4-70

（2）选取当前对象，执行【对象】→【隐藏】→【上方所有图稿】命令，可以将当前对象之上的所有对象隐藏，如图 4-71 所示。

图 4-71

## 04　锁定和群组对象

锁定和群组功能是一种辅助设计功能，在编辑拥有众多对象的图形中，可以很好地管理对象内容。

### 1. 锁定与解锁

锁定对象可以防止误操作的发生，也可以防止当多个对象重叠时，选择一个对象会连带选取其他对象。

选取要锁定的对象，选择【对象】→【锁定】→【所选对象】命令或按 Ctrl+2 快捷键，可以将所选对象锁定，当其他图形移动时，锁定了的对象不会被移动，如图 4-72 所示。

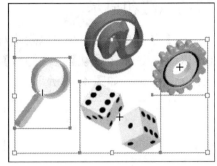

图 4-72

选取黄色多边形，选择【对象】→【锁定】→【上方所有图稿】命令，可以将黄色多边形之上的绿色和湖蓝色这两个多边形锁定，当其他图形移动时，锁定了的对象不会被移动，如图 4-73 所示。

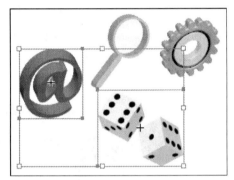

图 4-73

### 2. 群组对象与取消群组

使用【编组】命令可以将多个对象绑定在一起作为一个整体来处理，这对于保持对象间的位置和空间关系非常有用，【编组】命令还可以创建嵌套的群组。使用【取消编组】命令可以把一个群组对象拆分成其组件对象。

选取要群组的对象，选择【对象】→【编组】命令或按 Ctrl+G 快捷键，即可将选取的对象群组，单击群组中的任何一个对象，都将选中该群组，如图 4-74 所示。将几个组合进行进一步的组合，或者组合与对象再进行组合，可以创建嵌套的群组。

选取要解组的对象组合，选择【对象】→【取消编组】命令或按 Ctrl+Shift+G 快捷键，即可将选取的组合对象解组，解组后可以单独选取任意一个对象，如图 4-75 所示。如果是嵌套群组可以将解组的过程重复执行，直到全部解组为止。

> **提 示**
> 将对象群组以后，要单独选中其中的某个对象，可以在按住 Ctrl 键的同时单击群组中的一个对象，也可以使用【编组选择工具】进行选取。

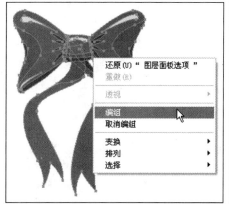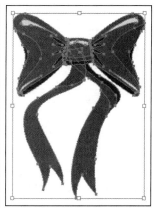

图 4-74

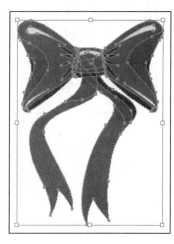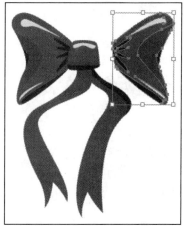

图 4-75

## 05　对象的次序

复杂的绘图是由一系列相互重叠的对象组成的，而这些对象的排列顺序决定了图形的外观。

【对象】→【排列】子菜单包括 5 个命令，如图 4-76 所示，使用这些命令可以改变对象的排序。应用快捷键也可以对对象进行排序，熟记快捷键可以提高工作效率。

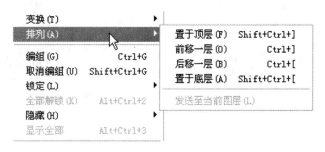

图 4-76

若要把某个对象移到所有对象的前面，可以选择【对象】→【排列】→【置于顶层】命令，或按 Ctrl+Shift+]快捷键，如图 4-77 所示。

若要把某个对象移到所有对象的后面，可以选择【对象】→【排列】→【置于底层】命令，或按 Ctrl+Shift+[快捷键，如图 4-78 所示。

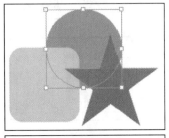
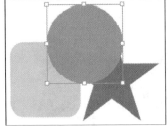

图 4-77

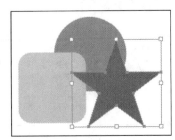
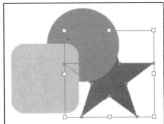

图 4-78

若要把某个对象向前面移动一个位置，可以选择【对象】→【排列】→【前移一层】命令，或按 Ctrl+]快捷键，如图 4-79 所示。

若要把某个对象向后面移动一个位置，可以选择【对象】→【排列】→【后移一层】命令，或按 Ctrl+[快捷键，如图 4-80 所示。

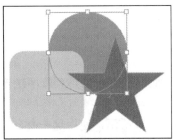
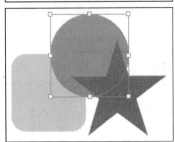

图 4-79

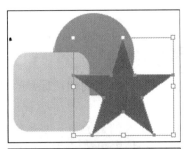
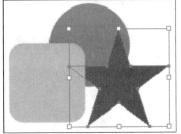

图 4-80

## 06　对象的对齐与分布

有时为了达到特定的效果，需要精确对齐和分布对象。选择【窗口】→【对齐】命令，打开【对齐】调板，如图 4-81 左图所示。单击调板右上方的三角形按钮，在弹出的菜单中选择【显示选项】命令，可以打开【分布间距】命令组，如图 4-81 右图所示。

图 4-81

### 1. 对象的对齐

【对齐】调板中的【对齐对象】选项组包含 6 个对齐命令按钮：【水平左对齐】按钮、【水平居中对齐】按钮、【水平右对齐】按钮、【垂直顶对齐】按钮、【垂直居中对齐】按钮、【垂直底对齐】按钮。

选取要对齐的对象，单击【对齐】调板中【对齐对象】选项组中的对齐命令按钮，所有选取的对象就会互相对齐，如图 4-82 所示。

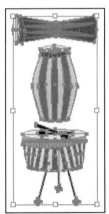
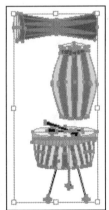
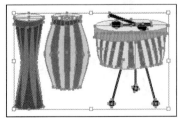
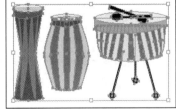
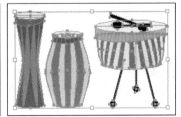

图 4-82

### 2. 对象的分布

【对齐】调板中的【分布对象】选项组包含 6 个分布命令按钮：【垂直顶分布】 按钮、【垂直居中分布】 按钮、【垂直底分布】 按钮、【水平左分布】 按钮、【水平居中分布】 按钮、【水平右分布】 按钮。

选取要分布的对象，单击【对齐】调板中【分布对象】选项组中的分布命令按钮，所有选取的对象之间按相等的间距分布，如图 4-83 所示。

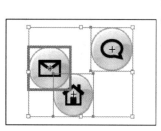

图 4-83

对象的分布间距

如果需要指定对象间固定的分布距离，选择【对齐】调板【分布间距】选项组中的【垂直分布间距】按钮 和【水平分布间距】按钮 。

在【对齐】调板右下方的数值框中可以设定固定的分布距离。选取要分布的多个对象，再单击被选取对象中的任意一个对象(中间对象)，该对象将作为其他对象进行分布时的参照，如图 4-84 左图所示；单击【垂直分布间距】按钮 ，所有被选取的对象将以参照对象为参照，按设置的数值等距离垂直分布，如图 4-84 右图所示。

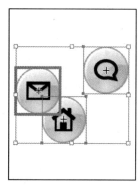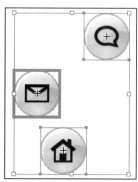

图 4-84

提 示

用网格和辅助线也可以对齐对象，按 Ctrl+' 快捷键可以显示/隐藏网格。

# 独立实践任务　1 课时

### 设计制作入场券

#### 任务背景

为庆祝"六一"儿童节，某市环保局举办雨伞创意秀活动，委托本公司制作该活动入场券。

#### 任务要求

画面为入场券标准尺寸，围绕字体设计这一主题，扩展思维将字体以点线面的形式表现出来。

#### 任务分析

本次雨伞创意秀的主题是雨伞，背景上以多个雨伞的图形作为装饰，通过对文字的变形操作使画面更具动感，传达一定的设计理念，整个作品层次感丰富有内涵。

#### 任务参考效果图

# 习 题

(1) 在 Illustrator CS6 中，有_____改变对象次序的命令。

    A. 2 种                            B. 3 种

    C. 4 种                            D. 5 种

(2)【对齐】调板中包括_____命令组。

    A. 1 个                            B. 2 个

    C. 3 个                            D. 4 个

(3)【对齐】调板中包括_____分布命令。

    A. 5 个                            B. 6 个

    C. 7 个                            D. 8 个

(4)【对齐】调板中_____是将选中的对象与画板对齐。

    A. 对齐所选对象                 B. 对齐关键对象

    C. 对齐画板                        D. 分布间距

(5) 在使用【旋转工具】的同时按下键盘上的_____，可以在旋转对象的基础上，复制对象。

    A. Alt 键                         B. Shift 键

    C. Ctrl 键                        D. Ctrl+Alt 键

(6) 在使用【旋转工具】旋转对象时，同时按下键盘上的_____，对象将会以 45 度为增量进行旋转。

    A. Alt 键                         B. Shift 键

    C. Ctrl 键                        D. Ctrl+Alt 键

(7) 群组对象的快捷键是_____。

    A. Ctrl+G                       B. Ctrl+H

    C. Ctrl+B                       D. Ctrl+R

# 模块05　设计与制作电脑桌面壁纸
## ——设置填充与描边

**能力目标**

1. 学会创建颜色、渐变、图案、网格填充
2. 学会自己设计制作电脑桌面壁纸

**软件知识目标**

1. 掌握为图形填充颜色的方法
2. 掌握图形轮廓的设置方法
3. 掌握使用符号工具的方法

**专业知识目标**

1. 了解颜色基础知识
2. 了解填充图形的方法
3. 了解符号工具组的应用

**课时安排**

2 课时(讲 1 课时，实践 1 课时)——(完成模拟制作任务和掌握入门知识 1 课时，完成独立实践任务 1 课时)

## 模拟制作任务　1 课时

### 设计制作电脑桌面壁纸

**任务背景**

苹果公司近期推出一款儿童学习使用的电脑，为了配合电脑的销售、吸引儿童的目光，委托某公司为该系列电脑设计制作电脑桌面壁纸。

**任务要求**

设计画面简单、具有一定的故事情节，能够体现儿童的活泼可爱；画面以卡通风格为主，使用的卡通形象要简单、富有情趣，可以单独提炼出来制作成公仔作为礼品发放。

**任务分析**

从该公司的名称出发，联想到牛顿和苹果的故事，通过对该故事情节的提炼和再加工，制作出在蓝天白云和绿草坪的大背景下，一个小蘑菇在长满心形果子的大树下被果实

打中，流露出吃惊的表情，在云端的太阳看到了在坏坏的笑，整个画面清新自然。电脑本身是一种发光体，长时间看对儿童眼睛不好，所以整体画面以绿色为主，来降低视觉疲劳。通过绘制小蘑菇和小太阳拟人化的形象，展现儿童天真活泼的天性。

**本案例的难点**

本案例的难点是绘制小蘑菇。首先使用【钢笔工具】绘制小蘑菇的头部，为其添加颜色填充；其次通过图形相交的方法绘制出蘑菇头的内部，添加渐变填充效果；然后绘制小蘑菇的身体，添加网格填充效果；最后使用【椭圆工具】绘制小蘑菇的五官。

**点拨和拓展**

在设计电脑桌面壁纸之前首先要了解电脑屏幕的大小，根据电脑屏幕的大小设计出合适的壁纸。如 17 英寸液晶显示器的最佳分辨率壁纸尺寸为 1280×1024 像素。该实例中的效果可用作书店、摄影等网站的插图。

**任务参考效果图**

# 操作步骤详解

### 1. 新建文件并创建背景图像

(1) 执行【文件】→【新建】命令，创建一个新文件，如图 5-1 所示。

(2) 使用【矩形工具】▣绘制一个与页面大小相同的矩形，参照图 5-2 所示，设置其与页面中心对齐。

(3) 参照图 5-3 所示，使用【椭圆工具】◉绘制椭圆。

(4) 复制前面创建的矩形，并同时选中矩形和椭圆，执行【窗口】→【路径查找器】命令，在弹出的调板中单击【交集】▣按钮新建图形，效果如图 5-4 所示。

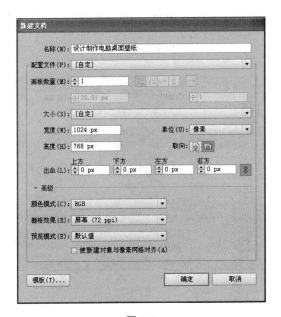

图 5-1

图 5-2

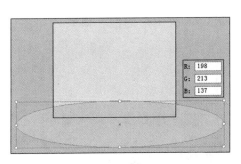

图 5-3

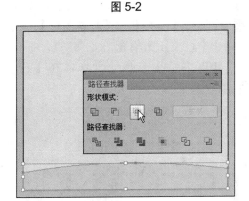

图 5-4

(5) 继续使用【椭圆工具】 绘制正圆，并将其进行编组，效果如图 5-5 所示。

(6) 继续绘制正圆，如图 5-6 所示。

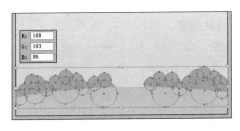

图 5-5

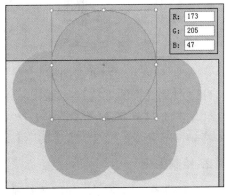

图 5-6

（7）使用前面介绍的方法创建正圆与矩形的相交图形，并将正圆图形进行编组，如图 5-7 所示。

（8）使用【钢笔工具】绘制树干，如图 5-8 所示。

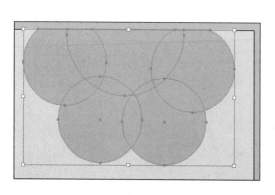

图 5-7

图 5-8

（9）复制树干，然后单击【色板】调板底部的【"色板库"菜单】按钮，在弹出的菜单中选择【图案】→【基本图形】→【基本图形-线条】命令，参照图 5-9 所示，在弹出的调板中设置图案填充。

（10）继续上一步的操作，在【透明度】调板中更改图形的混合模式，如图 5-10 所示。

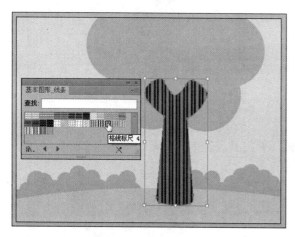

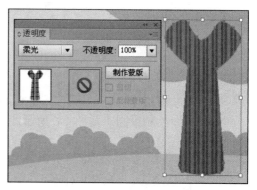

图 5-9

图 5-10

（11）使用【椭圆工具】绘制椭圆，作为大树的阴影，如图 5-11 所示。

（12）执行【图像】→【调整】→【曲线】命令，参照图 5-12 所示，在弹出的【曲线】对话框中进行设置，单击【确定】按钮，提亮图像。

**2. 绘制太阳**

（1）参照图 5-13 所示，使用【椭圆工具】绘制正圆。

（2）复制并放大上一步创建的正圆并取消填充色，效果如图 5-14 所示。

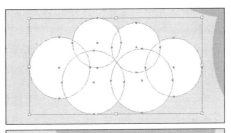

图 5-11

图 5-12

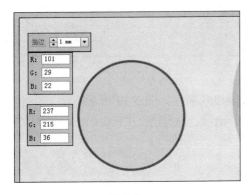

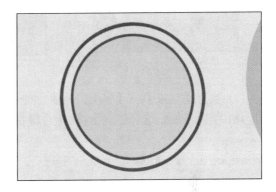

图 5-13

图 5-14

　　(3) 选择【星形工具】并在视图中单击，参照图 5-15 所示，在弹出的对话框中进行设置，然后单击【确定】按钮，创建三角形。

　　(4) 执行【效果】→【风格化】→【圆角】命令，参照图 5-16 所示，在弹出的对话框中进行设置，然后单击【确定】按钮，调整图像的尖角。

图 5-15

图 5-16

（5）单击【画笔】调板右侧的 按钮，在弹出的菜单中选择【新建画笔】命令，参照图 5-17 所示，创建画笔。

（6）选择前面创建的圆环图像然后单击【画笔】调板中我们创建好的画笔，最后单击单击【画笔】调板右侧的 按钮，参照图 5-18 所示，在弹出的对话框中设置描边效果。

图 5-17

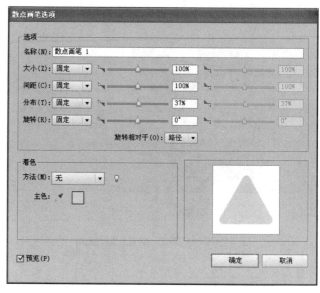

图 5-18

（7）执行【对象】→【扩展外观】命令，扩展描边效果，如图 5-19 所示。

（8）使用【编组选择工具】 配合键盘上的 Shift 键选择图形并更改颜色，如图 5-20 所示。

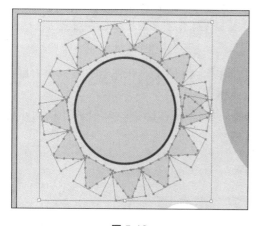

图 5-19

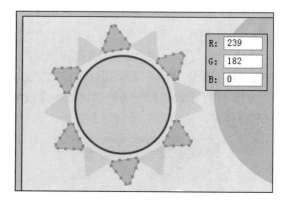

图 5-20

（9）参照图 5-21 所示，使用【椭圆工具】 和【圆角矩形工具】 创建太阳的五官。

（10）选中嘴巴图形，执行【对象】→【封套扭曲】→【用变形建立】命令，参照图 5-22 所示，在弹出的对话框中进行设置，然后单击【确定】按钮应用封套效果。

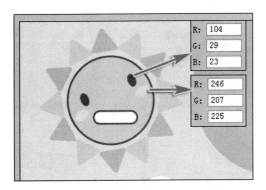

图 5-21

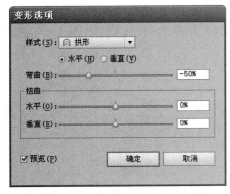

图 5-22

### 3. 绘制小蘑菇

(1) 使用【钢笔工具】 绘制小蘑菇的头部，单击【色板】调板底部的【"色板库"菜单】 按钮，在弹出的菜单中选择【图案】→【装饰】→Vonster 命令，参照图 5-23 所示，在弹出的调板中设置图案填充。

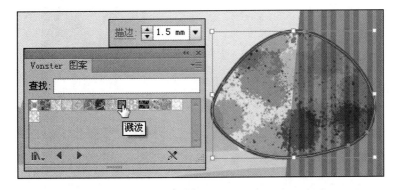

图 5-23

(2) 在【外观】调板中选中填色选项，然后单击调板底部的【复制所选项目】 按钮复制填充并更改为白色，效果如图 5-24 所示。

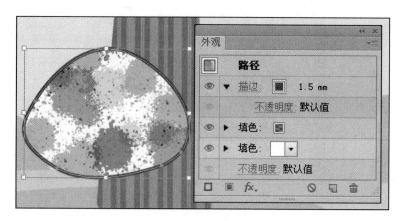

图 5-24

(3) 复制上一步创建的图形，并参照图 5-25 所示，使用【钢笔工具】 绘制图形，通过【路径查找器】调板的应用创建相交图形。

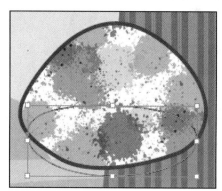 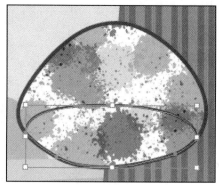

图 5-25

(4) 参照图 5-26 所示，在【渐变】调板中设置渐变颜色。

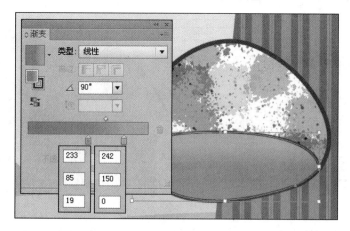

图 5-26

(5) 继续使用【钢笔工具】 绘制蘑菇的身体，如图 5-27 所示。

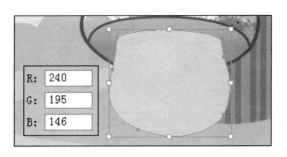

图 5-27

(6) 复制上一步创建的图形，取消填充色并参照图 5-28 所示，设置轮廓大小。

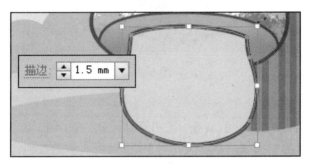

图 5-28

(7) 隐藏上一步创建的图形，选中蘑菇身体图形，参照图 5-29 所示，使用【网格工具】在图形上添加锚点并设置颜色。

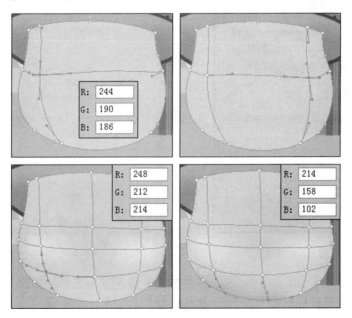

图 5-29

(8) 参照图 5-30 所示，使用【椭圆工具】绘制眼睛与嘴巴图形。

图 5-30

### 4. 绘制心形

(1) 执行【文件】→【打开】命令，打开附带光盘中的"模块 05\心形.AI"文件，将其拖入当前正在编辑的文档中，单击【符号】 ![icon] 调板右侧的按钮，在弹出的菜单中选择【新建符号】命令，在弹出的对话框中单击【确定】按钮，创建符号，如图 5-31 所示。

(2) 使用【符号喷枪工具】 ![icon] 在视图中单击，绘制图形，效果如图 5-32 所示。

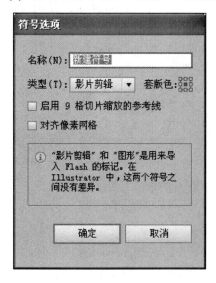

图 5-31

图 5-32

(3) 使用【符号缩放工具】 ![icon] 在部分符号上单击，缩小符号，如图 5-33 所示。

(4) 继续使用【符号旋转工具】 ![icon] 在部分符号上单击，旋转符号，如图 5-34 所示。

(5) 使用【钢笔工具】 ![icon] 绘制虚线，完成本实例的制作，如图 5-35 所示。

图 5-33

图 5-34

图 5-35

# 知识点扩展

## 01　颜色基础

对于整个艺术造型来讲，颜色是最重要的组成部分，可使设计和绘制的美术作品更具表现力和艺术性。丰富多彩的颜色存在着一定的差异，如果需要精确地划分色彩之间的区别，就要用到色彩模式了。

所谓的色彩模式，是将色彩表示成数据的一种方法。在图形设计领域，统一把色彩模式用数值表示。简单一点说，就是把色彩中的颜色分成几个基本的颜色组件，然后根据组件的不同，定义出各种不同的颜色。同时，对颜色组件不同的归类，就形成了不同的色彩模式。

Illustrator CS6 支持很多种色彩模式，其中包括 RGB 模式、HSB 模式、CMYK 模式和灰度模式。在 Illustrator CS6 中，最常用的是 CMYK 模式和 RGB 模式，其中 CMYK 是默认的色彩模式。

## 1. HSB 模式

在 HSB 模式中，H 代表色相(Hue)，S 代表饱和度(Saturation)，B 代表亮度(Brightness)。HSB 模式是以人们对颜色的感觉为基础，描述了颜色的三种基本特性，如图 5-36 所示。

图 5-36

> **知识**
>
> 色相是从物体反射或透过物体传送的颜色。在 0~360 度的标准色轮上，可按位置度量色相。通常情况下，色相是以颜色的名称来识别的，如红、黄、绿色等。
>
> 饱和度也称彩度，指的是色彩的强度和纯度。在标准色轮上，饱和度是从中心到边缘逐渐递减的，饱和度越高就越靠近色环的外围，越低就越靠近中心。
>
> 明度是指颜色相对的亮度和暗度，通常情况下，也是按照 0%黑色到 100%的白色之间的百分比来度量的。
>
> 由于人的眼睛在分辨颜色时，不会把色光分解成单色，而是按照它的色度、饱和度和亮度来判断。所以，HSB 模式相对于 RGB 模式和 CMYK 模式更直观、更接近人的视觉原理。

## 2. RGB 模式

RGB 模式是最基本、使用最广泛的一种色彩模式。绝大多数可视性光谱，都是通过红色、绿色和蓝色这三种色光的不同比例和强度的混合来表示的。

在 RGB 模式中，R 代表红色(Red)，G 代表绿色(Green)，而 B 代表蓝色(Blue)。在这三种颜色的重叠处可以产生青色、洋红、黄色和白色，如图 5-37 所示。每一种颜色都有 256 种不同的亮度值，也就是说，从理论上讲，RGB 模式就有 256×256×256 共约 1600 多万种颜色，这就是用户常常听到的"真彩色"一词的来源。

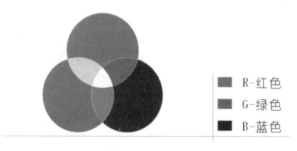

图 5-37

**知识**

　　虽然这 1600 多万种颜色仍不是肉眼所能看到的整个颜色范围，自然界的颜色也远远多于这 1600 多万种颜色，但是，如此多的颜色足已模拟出自然界的各种颜色了。

**提示**

　　在使用 RGB 模式时，将这三种颜色分别设置为不同的数值，就可产生不同色相的色彩。

　　例如，一个明亮的红色的 R 值为 229，G 值为 0，而 B 值则为 17。

　　当这三种颜色的值相等(如等于 200)时，它的颜色将会变为一种灰色；当它们的数值均为 0 时，颜色则是呈黑色显示；当它们的颜色值均为 255 时，所呈现的将是白色。

　　由于 RGB 模式是由红、绿、蓝三种基本的颜色混合来产生各种颜色的，所以也称它为加色模式。当 RGB 的三种色彩的数值均为最小值 0 时，就会生成黑色；当三种色彩的数值均为最大值 255 时，就生成了白色。而当这三个色彩的值为其他数值时，所生成的颜色则介于这两种颜色之间。

　　在 Illustrator 中，还包含一个修改 RGB 的模式，即网页安全模式，该模式可以在网络上适当地使用。在后面几节将会讲到它的使用方法。

### 3. CMYK 模式

　　CMYK 模式为一种减色模式，也是 Illustrator CS6 默认的色彩模式。在 CMYK 模式中，C 代表青色(Cyan)，M 代表洋红色(Magenta)，Y 代表黄色(Yellow)，K 代表黑色(Black)。CMYK 模式通过反射某些颜色的光并吸收另外颜色的光，来产生各种不同的颜色。在 RGB 模式中，由于字母 B 代表了蓝色，为了不与之相混淆，所以，在单词 Black 中使用字母 K 代表黑色，如图 5-38 所示。

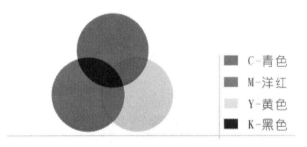

图 5-38

　　设置 CMYK 模式中各种颜色的参数值，可以改变印刷的效果。在 CMYK 模式中，每一种印刷油墨都有 0%到 100%之间百分比值。最亮颜色指定的印刷油墨颜色百分比较低，而较暗颜色指定的百分比较低。例如，一个亮红色可能包括 2%青色、93%的洋红色、90%的黄色和 0%的黑色。在 CMYK 的印刷对象中，百分比较低的油墨将产生一种接近白色的颜色，而百分比较高的油墨将产生接近黑色的颜色。

> **提 示**
>
> 在现实生活中都是用减色模式来识别颜色的。例如，当人的眼睛看到一个蓝色气球时，那是因为太阳光照到了气球上，气球表面把红色和绿色吸收了，而把蓝色反射到人的眼睛里。

### 4. 灰度模式

灰度模式(Grayscale)中只存在颜色的灰度，而没有色度、饱和度等彩色的信息。灰度模式可以使用 256 种不同浓度的灰度级，灰度值也可以使用 0%的白色到 100%的黑色之间百分比来度量。使用黑白或灰度扫描仪生成的图像通常以灰度模式显示。

在灰度模式中，可以将彩色的图形转换为高品质的灰度图形。在这种情况下，Illustrator 会放弃原有图形的所有彩色信息，转换后的图形的色度表示原图形的亮度。

从灰度模式向 RGB 模式转换时，图形的颜色值取决于其转换图形的灰度值。灰度图形也可转换为 CMYK 图形。

### 5. 色域

色域是颜色系统中可以显示或打印的颜色范围，人眼看到的色谱比任何颜色模式中的色域都宽。

CMYK 的色域较窄，只包含使用油墨色打印的颜色范围。当在屏幕中无法显示出打印颜色时，这些颜色可能是超出了打印的 CMYK 色域的范围，此情况称之为溢色。

## 02　颜色填充

给图形添加不同的颜色，会产生不同的感觉。可以通过使用 Illustrator 中的各种工具、调板和对话框为图形选择颜色。

### 1.【颜色】调板

选择【窗口】→【颜色】命令，弹出【颜色】调板，可以设置填充颜色和描边颜色，单击【颜色】调板右上角的三角形按钮，在弹出的菜单中可以选择当前取色时使用的颜色模式，如图 5-39 所示。

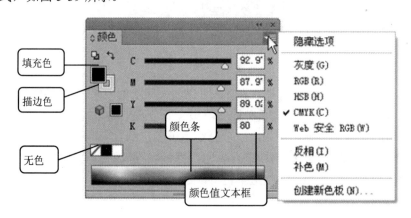

**图 5-39**

> **注意**
>
> 当选择 HSB 或 RGB 模式调制颜色时，有时会在【颜色】调板中出现标记，表示所调制的颜色不能用 CMYK 油墨打印，此时在该标记旁边会显示一种最接近的替换色，单击 CMYK 替换色就可以替换不可打印的颜色。

单击【颜色】调板上的 按钮可以在填充颜色和描边颜色之间切换，与工具箱中 按钮的操作方法相同。

将鼠标指针移动到【颜色】调板下方的渐变条上，当指针变为吸管形状时，单击可以选取颜色。拖动【颜色】调板各个颜色滑块或在各个数值框中输入颜色值，可以设置出更精确的颜色。

更改图形的描边颜色，操作步骤如下。

(1) 选取需要更改描边的图形。

(2) 在工具箱或【颜色】调板中单击【描边】按钮，选取或调配出新颜色，这时新选的颜色被应用到当前选定图形的描边中，如图 5-40 所示。

图 5-40

### 2.【色板】调板

选择【窗口】→【色板】命令，可以打开【色板】调板，【色板】调板提供了多种颜色、渐变和图案，并且可以添加并存储自定义的颜色、渐变和图案，如图 5-41 所示。

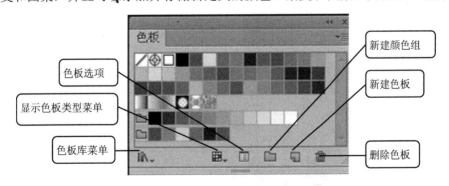

图 5-41

色板库是预设颜色的集合，选择【窗口】→【色板库】命令或单击【色板库菜单】按钮，可以打开色板库。打开一个色板库时，该色板库将显示在新调板中。选择【窗口】→【色板库】→【其他库】命令，在弹出的对话框中可以将其他文件中的色板样本、渐变样本和图案样本导入【色板】调板中。

注 意

在【色板】调板中单击【显示"色板类型"菜单】按钮 ，并选择一个选项。选择【显示所有色板】命令，可以使所有的样本显示出来；选择【显示颜色色板】命令，仅显示颜色样本；选择【显示渐变色板】命令，仅显示渐变样本；选择【显示图案色板】命令，仅显示图案样本；选择【显示颜色组】命令，仅显示颜色组。

双击【色板】调板中的颜色缩略图■会弹出【色板选项】对话框，可以设置其颜色属性，如图 5-42 所示。

图 5-42

注 意

在【颜色】调板或【渐变】调板中设置颜色或渐变色后，将其拖动至【色板】调板中，可以在【色板】调板中生成新的颜色。

### 3. 吸管工具

在 Illustrator CS6 软件中，应用【吸管工具】 可以吸取颜色，还可以用来更新对象的属性。

利用【吸管工具】 可以方便地将一个对象的属性按照另外一个对象的属性进行更新，操作步骤如下。

选取需要更新属性的对象，在工具箱中选择【吸管工具】 ，将鼠标指针移动到要复制属性的对象上单击，则选取的对象会按此对象的属性自动更新，如图 5-43 所示。

图 5-43

注　意

利用【吸管工具】 除了可以更新图形对象的属性外，还可以将选择的文本对象按照其他文本对象的属性进行更新，其操作与更新图形属性的方法相同。

## 03   渐变填充

前面几节中，讲到了如何对选定的对象进行单色填充，除了单色的填充外，用户还可为对象填充渐变色，渐变填充是指在同一个对象中，产生一种颜色或多种颜色向另一种或多种颜色逐渐过渡的特殊效果。

在 Illustrator CS6 中，创建渐变效果有两种方法：一种是使用工具箱中的【渐变】工具，另一种是使用【渐变】调板，并结合【颜色】调板，设置选定对象的渐变颜色。另外，还可以直接使用【样本】调板中的渐变样本。

### 1.【渐变】调板

选择【窗口】→【渐变】命令，弹出【渐变】调板，如图 5-44 所示。

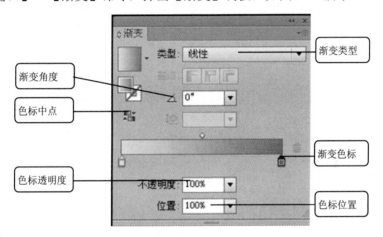

图 5-44

渐变颜色由渐变条中的一系列色标决定，色标是渐变从一种颜色到另一种颜色的转换点。渐变类型可以选择【线性】或【径向】；【角度】参数显示当前的渐变角度，重新输入数值后按 Enter 键可以改变渐变的角度；单击渐变条下方的渐变色标，在【位置】参数栏中会显示该色标的位置，拖动色标可以改变该色标的位置，如图 5-45 所示；调整渐变色标的中点(使两种色标各占 50%的点)，可以调整相邻两色之间的混合程度，具体操作时可以拖动位于渐变条上方的菱形图标，或选择图标并在【位置】参数栏中输入 0~100 的值。

### 2. 渐变类型

如果需要精确地控制渐变颜色的属性，就需要使用【渐变】调板。在【渐变】调板中，有两种不同的渐变类型，即线性渐变和径向渐变。

1)   线性渐变

选取图形后，在工具箱中双击【渐变工具】 或选择【窗口】→【渐变】命令，打开

【渐变】调板，即可为图形填充渐变颜色，如图 5-46 所示。

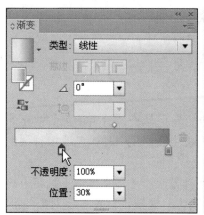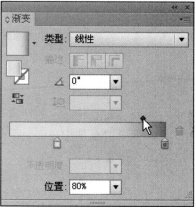

图 5-45

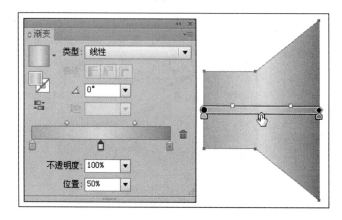

图 5-46

2) 径向渐变

在【渐变】调板中的【类型】下拉列表框中选择【径向】选项，可以设置径向渐变，如图 5-47 所示。

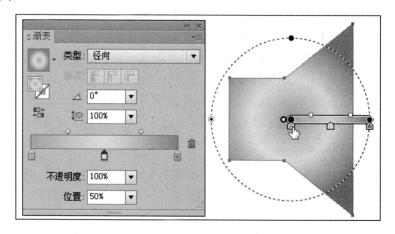

图 5-47

| 注 意 |
| :--- |

　　除了【色板】调板中提供的渐变样式外，Illustrator CS6 还提供了一些渐变库。选择【窗口】→【色板库】→【其他库】命令，在弹出的对话框中展开"色板\渐变"文件夹，在文件夹中可以选择不同的渐变库，选择好以后单击【打开】按钮即可打开渐变库。

| 提 示 |
| :--- |

　　【渐变】调板中的【角度】选项只有在选择【线性】选项时才可用，由于【径向】选项是以一点为圆心向外扩散的一种渐变方式，所以这种渐变没有渐变角度控制，参见图5-48。

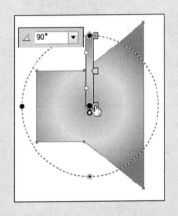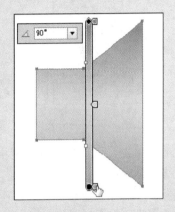

图 5-48

## 04　图案填充

　　填充图案可以使绘制的图形更加生动、形象。Illustrator CS6 软件中的【色板】调板中提供了很多图案，也可以自定义图案，如图5-49所示。

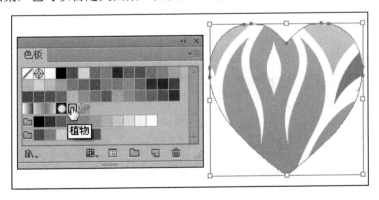

图 5-49

## 05　渐变网格填充

　　渐变网格将网格和渐变填充完美地结合在一起，可以对图形应用多个方向、多种颜色的渐变填充，使色彩渐变更加丰富、光滑。

### 1. 创建渐变网格

首先选取用【钢笔工具】 ![pen] 绘制的图形，然后选择【网格工具】 ![mesh] ，在图形中单击，将图形建立为渐变网格对象，图形中将出现横竖两条线交叉形成的网格，如图 5-50 所示。

图 5-50

继续在图形中单击，可以增加新的网格。在网格中横竖两条线交叉形成的点就是网格点，而横、竖线就是网格线。

创建渐变网格的操作如下。

首先选取【钢笔工具】 ![pen] 绘制的图形。然后选择【对象】→【创建渐变网格】命令，可以打开【创建渐变网格】对话框。

在【创建渐变网格】对话框中设置好参数以后，单击【确定】按钮，可以为图形创建渐变网格的填充，如图 5-51 所示。

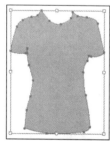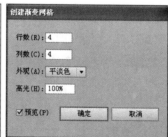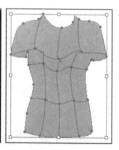

图 5-51

---

**知 识**

【创建渐变网格】对话框中的各项参数介绍如下。

- 行数：输入水平方向网格线的行数。
- 列数：输入垂直方向网格线的列数。
- 外观：可以选择创建渐变网格后图形高光部位的表现方式，有【平淡色】、【至中心】、【至边缘】3 种。
- 高光：设置高光处的强度，当数值为 0 时，图形没有高光点，是均匀颜色填充。

提 示

双击工具箱下方的【填充】按钮■，在打开的【拾色器】对话框中也可以调配出网格点所需的颜色。

### 2. 编辑渐变网格

1) 删除网格点

可以使用【网格工具】■或【直接选择工具】■选中网格点，然后按 Delete 键将网格点删除。

2) 编辑网格颜色

使用【直接选择工具】■选中网格点，然后在【色板】调板中单击需要的颜色块，可以为网格点填充颜色，如图 5-52 所示。

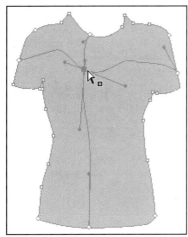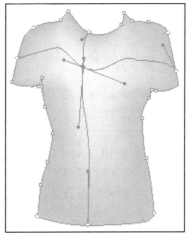

图 5-52

3) 移动网格点

使用【网格工具】■在网格点上单击并按住鼠标左键拖动网格点，可以移动网格点，拖动网格点的控制手柄可以调节网格线，如图 5-53 所示。

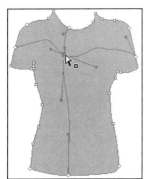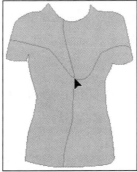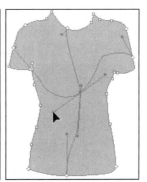

图 5-53

提 示

按住 Shift 键使用【直接选择工具】 选中多个网格点，在【颜色】调板中调配出所需的颜色，可以一次为多个网格点填充颜色，参见图 5-54。

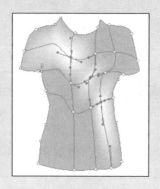

图 5-54

## 06　图形的轮廓与风格

在填充对象时，还包括对其轮廓线的填充，并可以对其进行设置，如更改轮廓线的宽度、形状，以及设置为虚线轮廓等。这些操作都可以在 Illustrator CS6 所提供的【描边】调板中实现。

【图层样式】调板是 Illustrator CS6 中新增的调板，该调板中提供了多种预设的填充和轮廓线填充图案，用户可以直接从中进行选择，为图形填充一种装饰性风格的图案，这样就无须用户花费时间与精力进行设置了。

## 07　使用符号进行工作

符号可以产生类似于 Photoshop 中的喷枪工具所产生的效果，可以完整地绘制一个预设的图案。在默认状态下，【符号】调板中提供了 18 种漂亮的符号样本，可以在同一个文件中多次使用这些符号。

用户还可以创建出所需要的图形，并将其定义为【符号】调板中的新样本符号。用户还可以对【符号】调板中预设的符号进行一些修改，当重新定义时，修改过的符号样本将替换原来的符号样本，如果不希望原符号被替换，可以将其定义为新符号样本，以增加【符号】调板中的符号样本的数量。

### 1．符号工具

使用工具箱中的符号工具组可以在页面中喷绘出多个无序排列的符号，并可对其进行编辑。Illustrator CS6 工具箱中的符号工具组提供了 8 个符号工具，展开的符号工具组如图 5-55 所示。

图 5-55

知 识

符号工具组中的各工具介绍如下。

- 【符号喷枪工具】：可以在页面中喷绘【符号】调板中选择的符号图形。
- 【符号移位器工具】：可以在页面中移动应用的符号图形。
- 【符号紧缩器工具】：可以将页面中的符号图形向鼠标指针所在的点聚集，按住 Alt 键可使符号图形远离鼠标指针所在的位置。
- 【符号缩放器工具】：可以调整页面中符号图形的大小。直接在选择的符号图形上单击，可以放大图形；按住 Alt 键在选择的符号图形上单击，可以缩小图形。
- 【符号旋转器工具】：可以旋转页面中的符号图形。
- 【符号着色器工具】：可以用当前颜色修改页面中符号图形的颜色。
- 【符号滤色器工具】：可以降低符号图形的透明度，按住 Alt 键可以增加符号图形的透明度颜色。
- 【符号样式器工具】：可以为符号图形应用【图形样式】调板中选择的样式，按住 Alt 键，可以取消符号图形应用的样式。

双击任意一个符号工具都可以弹出【符号工具选项】对话框，如图 5-56 所示，从中可以设置符号工具的属性。

图 5-56

知 识

【符号工具选项】对话框中各选项的含义介绍如下。

- 直径：设置画笔的直径，是指选取符号工具后鼠标指针的形状大小。
- 强度：设置拖动鼠标时符号图形变化的速度，数值越大，被操作的符号图形变化得越快。
- 符号组密度：设置符号集合中包含符号图形的密度，数值越大，符号集合包含的符号图形数目越多。
- 显示画笔大小和强度：选中该选项，在使用符号工具时可以看到画笔，不选中此选项则隐藏画笔。

### 2. 符号调板的命令按钮

【符号】调板底部的命令按钮，分别用来对选取的符号进行不同的编辑，如图 5-57 所示。

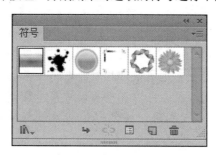

图 5-57

---

**知 识**

【符号】调板中各选项的含义如下。

● 【删除符号】 🗑 按钮：该按钮可删除所选取的符号样本。
● 【符号选项】 🔲 按钮：单击该按钮，可以方便地将已应用到页面中的符号样本替换为调板中其他的符号样本。
● 【断开符号链接】 ✂ 按钮：该按钮可取消符号样本的群组，以便对原符号样本进行一些修改。
● 【符号库菜单】 📖 按钮：单击可选择符号库里多种类型的符号。

---

### 3. 符号的创建与应用

下面介绍如何创建并应用符号。

1) 创建符号

创建符号主要有以下 3 种方法。

● 在页面中选择需要定义为符号的对象，再单击调板右上角的三角形按钮，在弹出菜单中选择【新建符号】命令。
● 在页面中选择需要定义为符号的对象，再单击调板下方的【新建符号】按钮 🔲。
● 在页面中选择需要定义为符号的对象，直接拖动到【符号】调板中，在弹出的【符号选项】对话框中可定义名称，单击【确定】按钮，关闭对话框，图形就添加进【符号】调板中了，如图 5-58 和图 5-59 所示。

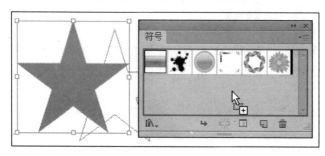

图 5-58

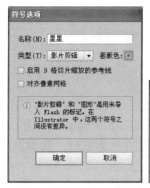

图 5-59

2) 应用符号

要将【符号】调板中的图形应用于页面中，主要有以下 4 种方法。

- 在【符号】调板中选择需要的符号图形，再单击调板下方的【置入符号实例】按钮 。
- 直接将选择的符号图形拖动到页面中。
- 在【符号】调板中选择需要的符号图形，再单击调板右上角的三角形按钮，在弹出的菜单中选择【放置符号实例】命令。

**提示**

选取拖动到页面中的符号，然后选择【对象】→【扩展】命令，将选择的符号分割为若干个图形对象，如图 5-60 所示。扩展可用来将单一对象分割为若干个对象，这些对象共同组成其外观。

图 5-60

- 在【符号】调板中选择需要的符号图形，选择【符号喷枪工具】 ，在页面中单击或拖动鼠标可以同时创建多个符号范例，并且可以将多个符号范例作为一个符号集合，如图 5-61 所示。

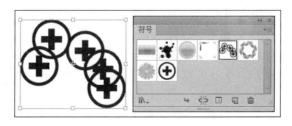

图 5-61

添加了多个新符号后，为了使调板中符号的显示更有条理，可以执行【按名称排序】命令，调整所有符号的排列顺序。

### 4. 符号调板菜单

当用户需要对【符号】调板进行一些编辑时，如更改其显示方式、复制样本等，可通过调板菜单中的命令来完成，单击调板右上角的三角按钮，就会弹出该调板的菜单，如图 5-62 所示。

图 5-62

常用的有下面几个命令。

● 【新建符号】命令：将所选择的图形定义为符号样本。

● 【删除符号】命令：可删除选取的符号样本。

● 【编辑符号】命令：可重新更改符号的颜色、旋转方向等属性。

● 【断开符号链接】命令：可取消符号样本的群组，以便对原符号样本进行一些修改。

● 【缩略图式视图】、【小列表式视图】以及【大列表式视图】命令：执行这三个命令，可以在不同的显示方式之间进行切换。其中，默认的显示方式为缩略图式。

● 【选择所有未使用的符号】命令：可以选中不常用的符号样本，而隐藏常用的符号样本。

● 【选择所有实例】命令：可以将调板中所有的符号样本选中。

● 【重新定义符号】命令：可以对预设的符号样本重新编辑和定义，使之生成新的符号样本。

● 【复制符号】命令：可以复制当前所选择的符号样本。

# 独立实践任务　1 课时

### 设计制作电脑壁纸

**任务背景**

某游戏公司近期推出一款千年江湖网络游戏，为配合游戏的宣传工作，委托另一公司设计制作以该游戏主人公为主的电脑桌面壁纸。

**任务要求**

要求画面大气、色彩温馨浪漫，且具备时尚气息。

**任务分析**

利用本章所学知识，用蓝天白云作为背景，发挥自己的想象力制作电脑桌面壁纸效果。

**任务参考效果图**

# 习　　题

(1) 在 Illustrator 中，默认的是_____色彩模式。

    A. RGB 模式　　　　　　　　　　　　B. CMYK 模式

    C. 灰度模式　　　　　　　　　　　　D. HSB 模式

(2) 下面的几种颜色中，_____不属于 RGB 色彩模式中的三原色。

    A. 红　　　　　　　　　　　　　　　B. 绿

    C. 蓝　　　　　　　　　　　　　　　D. 黄

(3) 从理论上讲，RGB 模式可以产生_____种颜色。

    A. 1600 多万                      B. 3200 多万

    C. 4200 多万                      D. 无限多

(4) 下面_____模式主要用于打印和印刷。

    A. CMYK 模式                   B. 灰度模式

    C. HSB 模式                     D. LAB 模式

(5) 键盘上的_____可以在填充和轮廓线填充之间切换。

    A. Shift 键                       B. Alt 键

    C. Ctrl + X 键                  D. X 键

(6) 渐变填充的类型有_____和_____。

    A. 线性渐变填充                B. 径向渐变填充

    C. 螺旋线渐变填充            D. 扩散渐变填充

(7) 在【渐变】调板中，【角度】的取值范围为_____。

    A. －180～180 度           B. －360～360 度

    C. －3260～3320 度        D. －32768～32767 度

# 模块 06　设计与制作日历
## ——创建和编辑文字

**能力目标**

1. 掌握创建文本和段落文本的方法
2. 学会自己设计制作台历

**软件知识目标**

1. 掌握字符格式和段落格式的设置
2. 掌握制表符的设置
3. 掌握文本的链接和分栏设置

**专业知识目标**

1. 台历的基本常识
2. 将文本转化为轮廓的方法
3. 字符样式与段落样式

**课时安排**

2 课时(讲 1 课时，实践 1 课时)——(完成模拟制作任务和掌握入门知识 1 课时，完成独立实践任务 1 课时)

## 模拟制作任务　1 课时

### 设计制作日历

**任务背景**

新年将至，某设计工作室为答谢新老客户的厚爱，要制作一批台历作为礼品赠送。

**任务要求**

画面要具有一定的空间感和视觉冲击力，4 月是万物复苏的季节，象征着生命和希望，4 月 4 日是设计室的魔法日，所以本月日历是围绕魔法日这一主题设计的，突出浓厚的时尚氛围。

**任务分析**

通过调整木纹图像的位置，打造出木纹 3D 空间效果，然后制作出一张折角的纸张在空间中立起来，提升画面的视觉冲击力。使用软件中自带的创建 3D 图像命令，制作出魔术帽和魔术棒，然后，在纸张上创建彩色的字母组合增强画面的时尚氛围，最后添加日历上必备的文字信息，整体看来所有的图像就好像皮影一样，悬空着在白纸上展现，打造出魔法的氛围。

### 本案例的难点

本次台历内页设计的重点是制作排列整齐的文字，首先创建出 4 月份的星期、天数、阴历，然后通过在【制表符】调板中添加制表符，使文字排列整齐。

### 点拨和拓展

日历的雏形是一种"讨债本"，随着岁月的流逝，"讨债本"逐渐演变成为当今的挂历。过去年末岁尾，家家户户买几张年历画贴在堂屋内，一贴一年，天天都是老模样；而日历可以让 12 个月具有 12 张不同的画面，而且画面美观大方，月月给人一种新鲜感。本案例的效果可应用于过节促销的海报或宣传页中。

### 任务参考效果图

# 操作步骤详解

### 1. 新建文件并创建背景图像

(1) 执行【文件】→【新建】命令，创建一个新文件，如图 6-1 所示。

(2) 打开本章素材"木纹背景.jpg"文件，将其拖至当前正在编辑的文档中，参照图 6-2 所示，调整图像的大小及位置，复制并垂直镜像图像，调整图像的位置。

(3) 继续复制木纹背景，如图 6-3 所示，使用【矩形工具】 绘制与木纹背景图像相同大小的矩形，并在【渐变】调板中设置黑色到白色的线性渐变。

(4) 同时选中最后复制的木纹图像和渐变矩形，然后单击【透明度】调板中的【制作蒙版】按钮，创建渐变蒙版，如图 6-4 所示。

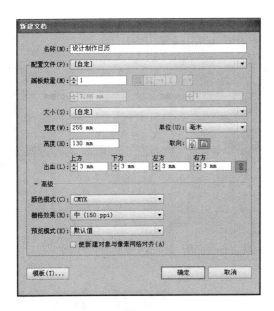

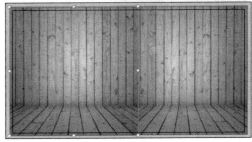

图 6-1

图 6-2

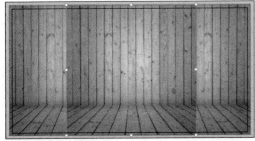

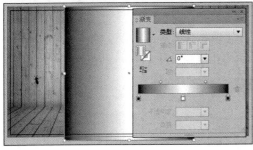

图 6-3

图 6-4

（5）参照图 6-5 所示，创建与页面大小相同的矩形，并使其与页面中心对齐，选中视图中的所有图像，右击并在弹出的快捷菜单中选择【创建剪切蒙版】命令，隐藏矩形区域以外的图像。

（6）使用【矩形工具】绘制矩形，使用【选择工具】选中矩形，移动鼠标指针至矩形的一个角外侧，单击并拖动鼠标，旋转矩形，然后在【渐变】调板中设置渐变颜色，得到如图 6-6 所示的效果。

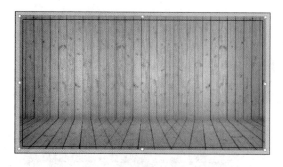

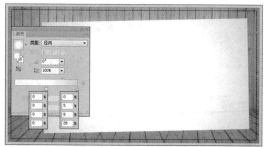

图 6-5

图 6-6

(7) 复制上一步创建的矩形，使用【钢笔工具】绘制三角形，同时选中三角形和复制的渐变矩形，单击【路径查找器】中的【交集】按钮，得到如图 6-7 所示的效果。

(8) 使用【镜像工具】垂直镜像图形，使用快捷键 R 切换到【旋转工具】，参照图 6-8 所示，调整中心点的位置并旋转图形。

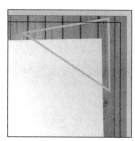

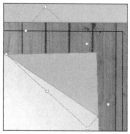

图 6-7

图 6-8

(9) 选中步骤(6)绘制的图形，执行【效果】→【风格化】→【投影】命令，参照图 6-9 所示，在弹出的【投影】对话框中设置参数，然后单击【确定】按钮，创建投影效果。

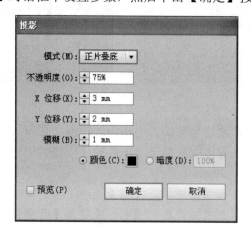

图 6-9

**2. 创建装饰图形**

(1) 选择【圆角矩形工具】，然后在视图中单击，参照图 6-10 所示，在弹出的【圆角矩形】对话框中设置圆角矩形大小，然后单击【确定】按钮，创建圆角矩形，并旋转角度。

(2) 复制上一步创建的图形并更改填充色为蓝色，调整黑色圆角矩形至渐变矩形的下方，如图 6-11 所示。

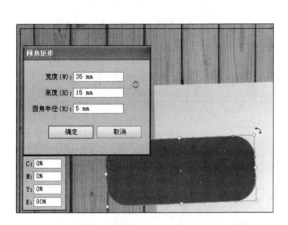

图 6-10

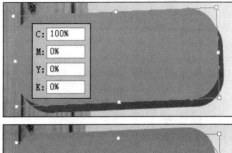
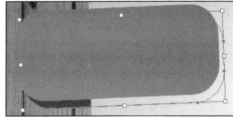

图 6-11

(3) 使用【文字工具】 T 在视图中输入文字，如图 6-12 所示。

(4) 继续在视图中输入字母"Happy"，如图 6-13 所示。

图 6-12

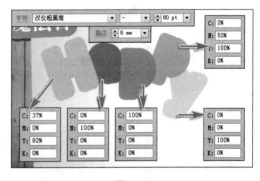

图 6-13

(5) 分别选中上一步创建的字母，为其添加"投影"效果，如图 6-14 所示。

(6) 复制前面创建的字母"Happy"并更改填充色和轮廓色，在【外观】调板中删除"投影"效果，然后在【描边】调板中单击【斜接连接】 按钮，如图 6-15 所示。

(7) 使用【圆角矩形工具】 创建魔术棒，然后使用【钢笔工具】 在视图中绘制路径，如图 6-16 所示。

(8) 选中路径，执行 3D→【绕转】命令创建魔术帽，如图 6-17 所示，调整魔术帽至字母"Happy"的后方。

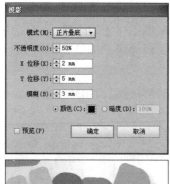

图 6-14

图 6-15

图 6-16

图 6-17

## 3. 创建文字

(1) 参照图 6-18 和图 6-19 所示，使用【文字工具】 T 创建文字。

图 6-18

图 6-19

(2) 继续使用【文字工具】□创建文本框并输入文字，如图 6-20 所示。

(3) 将星期改为【汉仪中宋简】，将阴历改为【汉仪中等线简】，效果如图 6-21 所示。

图 6-20

图 6-21

(4) 参照图 6-22 所示，更改阳历文字的大小。

(5) 使用 Tab 键在需要对齐的文字前插入空格，如图 6-23 所示。

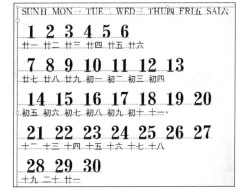

图 6-22

图 6-23

(6) 使用快捷键 Ctrl+Shift+T 打开【制表符】调板，单击【居中对齐制表符】□按钮插入第一个制表符，并设置制表符的位置，如图 6-24 所示。

(7) 使用前面介绍的方法，分别在 24mm、42mm、60mm、78mm、96mm、114mm 处插入制表符，如图 6-25 所示。

(8) 更改周日、周六下面日期的文字颜色为玫红色，效果如图 6-26 所示。

(9) 继续使用【文字工具】□创建文字信息，如图 6-27 所示。

(10) 在【段落】调板中设置【首行左缩进】参数，如图 6-28 所示。

(11) 执行【文字】→【区域文字选项】命令，如图 6-29 所示，在弹出的【区域文字选项】对话框中进行设置，然后单击【确定】按钮对文字进行分栏。

(12) 双击文字图层，添加【投影】图层样式，如图 6-30 所示。

(13) 最后使用【矩形工具】□绘制矩形并使用【文字工具】□创建文字信息，完成本示例的制作，如图 6-31 所示。

图 6-24

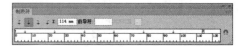

图 6-25

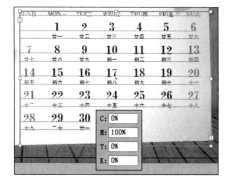

图 6-26

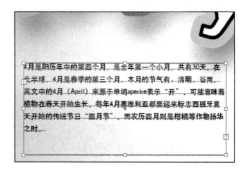

图 6-27

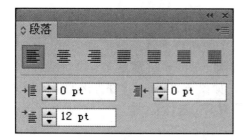

图 6-28

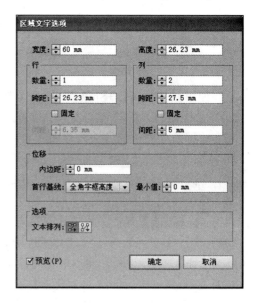

图 6-29

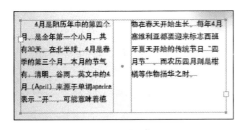

图 6-30　　　　　　　　　　　　　　　　　图 6-31

# 知识点扩展

## 01　创建文本和段落文本

Illustrator CS6 作为功能强大的矢量绘图软件，不仅可以像其他文字处理软件一样排版大段的文字，还可以把文字作为对象来处理。也就是说，可以充分利用 Illustrator CS6 中强大的图形处理能力来修饰文本，创建绚丽多彩的文字效果。

在 Illustrator CS6 中创建文本时，可以使用工具箱中提供的文本工具，在其展开式工具栏中提供了 6 种文本工具，应用这些不同的工具，可以在工作区域中的任意位置创建横排或竖排的点文本，或者是区域文本。

将鼠标指针移至工具箱中的【文本】按钮，按下左键并停留片刻，就会出现其展开式工具栏，单击最后的黑三角按钮，就可以使文本的展开式工具栏从工具箱中分离出来，如图 6-32 所示。

图 6-32

展开的文字工具组共有 6 个文字工具，分别是【文字工具】、【区域文字工具】、【路径文字工具】、【直排文字工具】、【直排区域文字工具】、【直排路径文字工具】。在这些工具中，前三个工具可以创建水平的，即横排的文本；而后三个工具可以创建垂直的，即竖排的文本，这主要是针对汉语、日语和韩语等双字节语言设置的。

知 识

文本工具介绍如下。

- 【文字工具】T：使用该工具，可以在页面上创建独立于其他对象的横排的文本对象。
- 【区域文字工具】T：使用该工具，可以将开放或闭合的路径作为文本容器，并在其中创建横排的文本。
- 【路径文字工具】：使用该工具，可以让文字沿着路径横向排列。
- 【直排文字工具】T：使用该工具，可以创建竖排的文本对象。
- 【直排区域文字工具】T：使用该工具时，可以在开放或者闭合的路径中创建竖排的文本。
- 【直排路径文字工具】：它和路径文字工具相似，即可以让文本沿着路径进行竖向的排列。

**1. 文字工具的使用**

选择【文字工具】T或【直排文字工具】T可以直接输入沿水平方向或垂直方向排列的文本，如图 6-33 所示。

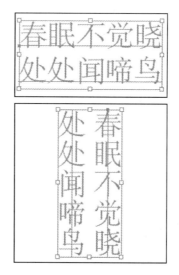

图 6-33

1) 输入点文本

当需要输入少量文字时，选择【文字工具】T或【直排文字工具】T后可以直接在绘图页面单击，当出现插入文本光标后就可以输入文字了。这样输入的文字独立成行，不会自动换行，当需要换行时，可以按 Enter 键。

2) 输入段落文本

如果有大段的文字输入，选择【文字工具】T或【直排文字工具】T后可以在页面中按住鼠标左键拖动，此时将出现一个文本框，拖动文本框到适当大小后释放鼠标左键，形成矩形的范围框，出现插入文本光标，此时即可输入文字，如图 6-34 所示。

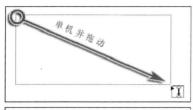

图 6-34

在文字的输入过程中，输入的文字到达文本框边界时会自动换行，框内的文字会根据文本框的大小自动调整。如果文本框无法容纳所有的文本，文本框会显示 ⊞ 标记，如图 6-35所示。

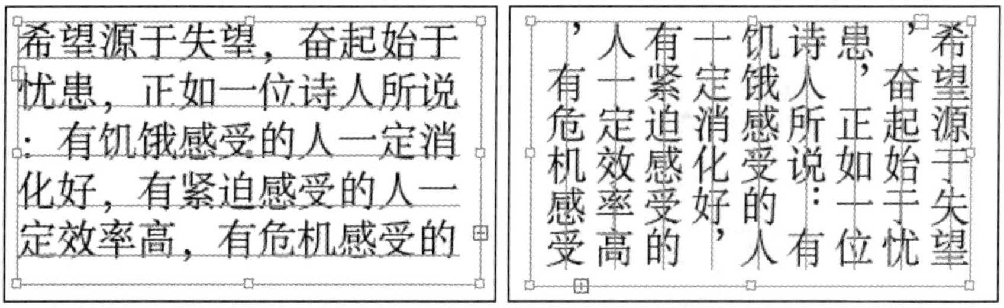

图 6-35

> **知 识**
>
> 如果在文本中添加大型的文本，最好使用段落文本，段落文本中包含的格式编排比较多。如果在文档中添加几条说明或标题，最好使用点文本。

### 2. 区域文字工具的使用

选取一个具有描边和填充颜色的路径图形对象，选择【文字工具】⊤或【区域文字工具】⊤，将鼠标指针移动到路径的边线上，在路径图形对象上单击，此时路径图形中将出现闪动的光标，而且带有描边色和填充色的路径将变为无色，图形对象转换为文本路径。

如果输入的文字超出了文本路径所能容纳的范围，会出现文本溢出的现象，并显示 ⊞ 标记。使用【选择工具】▶和【直接选择工具】▷选中文本路径，调整文本路径周围的控制点可以调整文本路径的大小，以显示所有文字。使用【直排文字工具】⊺或【直排区域文字工具】⊺与使用【区域文字工具】⊺的方法相同，在文本路径中可以创建竖排的文字，如图 6-36 所示。

图 6-36

使用【区域文字工具】创建文本的过程如图 6-37 所示。

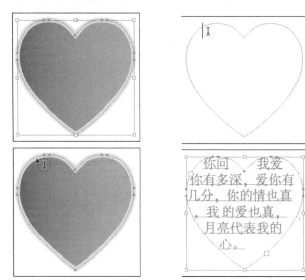

图 6-37

### 3. 路径文字工具的使用

使用【路径文字工具】和【直排路径文字工具】可以在页面中输入沿开放或闭合路径的边缘排列的文字。在使用这两种工具时，必须在当前页面中先选择一个路径，然后再进行文字的输入。

使用【钢笔工具】在页面中绘制一个路径，如图 6-38 左图所示。选择【路径文字工具】，将鼠标指针放置在曲线路径的边缘处单击，将出现闪动的光标，此时表示路径转换为文本路径，原来的路径将不再具有描边或填充的属性，如图 6-38 中图所示，此时即可输入文字。输入的文字将按照路径排列，文字的基线与路径是平行的，如图 6-38 右图所示。

> **提 示**
>
> 如果在输入文字后想改变文字的横排或竖排方式，可以选择【文字】→【文字方向】命令来实现。

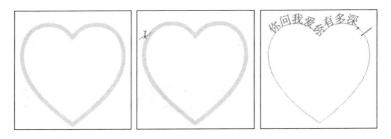

图 6-38

如果输入的文字超出了文本路径所能容纳的范围，会出现文本溢出的现象，并显示"+"标记。如果对创建的路径文本不满意，可以对其进行编辑，使用【选择工具】或【直接选择工具】，选取要编辑的路径文本，文本中会出现"|"形符号。拖动文字开始处和中部的"|"形符号，可沿路径移动文本，效果如图 6-39 所示。

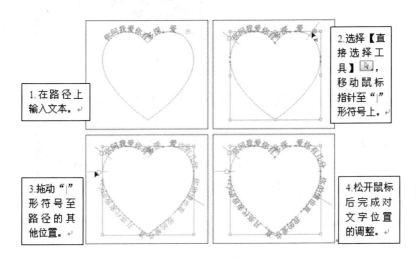

图 6-39

使用【直排路径文字工具】与使用【路径文字工具】的方法相同，只是文字与路径是成 90°的，如图 6-40 所示。

使用路径文字工具创建文字的效果

使用直排路径文字工具创建的文字效果

图 6-40

### 4. 编辑文本

编辑部分文字时，应先选择【文字工具】T，移动鼠标指针到文本上，单击插入光标并按住鼠标左键拖动选中文本，选中的文本将反白显示，如图 6-41 所示。

图 6-41

使用【选择工具】在文本区域双击，进入文本编辑状态。再双击可以选中文字，如图 6-42 所示。

图 6-42

选择【对象】→【变换】→【移动】命令，打开【移动】对话框，可以通过设置数值来精确移动文本对象。选择【比例缩放工具】，可以对选中的文本对象进行缩放。选择【对象】→【变换】→【缩放】命令，打开【比例】对话框，可以通过设置数值精确缩放文本对象。除此之外，还可以对文本对象进行旋转、倾斜、对称等操作。

使用【选择工具】单击文本框的控制点并拖动，可以改变文本框的大小，如图 6-43 所示。

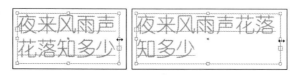

图 6-43

> **技 巧**
>
> 按 Ctrl+A 快捷键，可以全选文本。

利用【选择工具】和【直接选择工具】可以将文本框调整为各种各样的形状，其方法与使用【选择工具】和【直接选择工具】调整路径的方法相同，在调整过程中可以利用【添加锚点工具】和【删除锚点工具】在文本框上添加或删除锚点，也可以利用【转换锚点工具】转换节点的属性，如图 6-44 所示。

图 6-44

## 02　设置字符格式和段落格式

文本输入后，需要设置字符的格式，如文字的字体、大小、字距、行距等，字符格式决定了文本在页面上的外观。可以在菜单中设置字符格式，也可以在【字符】调板中设置字符格式。

### 1. 字符格式

使用【文字工具】选中要设置字符格式的文字，选择【窗口】→【文字】→【字符】命令，或按 Ctrl+T 快捷键，打开【字符】调板，如图 6-45 所示。

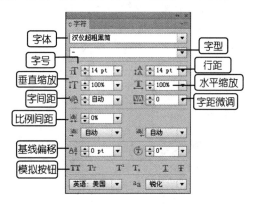

图 6-45

图 6-46

- **字体**：在下拉列表框中选择一种字体，即可将选中的字体应用到所选的文本上。
- **字号**：在下拉列表框中选择合适的字号，也可以通过微调▼按钮来调整字号大小，还可以在输入框中直接输入所需要的字号大小，如图 6-47 所示。

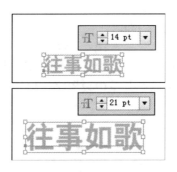

图 6-47

- **行距**：文本行间的垂直距离，如果没有自定义行距值，系统将使用自动行距。可以在下拉列表框中选择合适的行距，也可以通过微调按钮来调整行距大小，还可以在输入框中直接输入所需要的行距大小。
- **字距**：选项用来控制两个文字或字母之间的距离，该选项只有在两个文字或字符之间插入光标或选中文本时才能进行设置。
- **水平缩放**：保持平排文本的高度不变，只改变文本的宽度，对于竖排文字会产生相反的效果。
- **垂直缩放**：保持平排文本的宽度不变，只改变文本的高度，对于竖排文字会产生相反的效果，如图 6-48 所示。

图 6-48

- **基线偏移**：改变文字与基线的距离，使用基线偏移可以创建上标或下标，如图 6-49 所示；或者在不改变文本方向的情况下，更改路径文本在路径上的排列位置。

图 6-49

156

快速预览字体效果的方法是：首先选择要更改字体的文字，然后使用鼠标在【字符】调板中的【字体】下拉列表框中单击，再不停地按键盘上的上、下方向键，每按一次方向键，就会预览一种字体效果。

### 2. 段落格式

段落是指位于一个段落回车符之前的所有相邻的文本。段落格式是指为段落在页面上定义的外观格式，包括对齐方式、段落缩进、段落间距、制表符的位置等。

如果是对一个段落进行操作，只需将文字插入光标插入该段即可；如果要设定的是连续的多个段落，就必须将要设定的所有段落全部选取。

先用文字工具选取要设定段落格式的段落，然后选择【窗口】→【文字】→【段落】命令，或按 Ctrl+Alt+T 快捷键，打开【段落】调板，如图 6-50 所示，从中设置段落的对齐方式、左右缩进、段间距和连字符等。

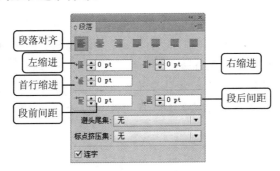

图 6-50

在【首行缩进】参数栏内，当输入的数值为正数时，相对于段落的左边界向内缩排；当输入的数值为负数时，相对于段落的左边界向外凸出。

1)    段落缩进

段落缩进是指从文本对象的左、右边缘向内移动文本。其中【首行缩进】 ⁺ᵗ只应用于段落的首行，并且是相对于左侧缩进进行定位的。在【左缩进】 ⁺ᵗ和【右缩进】 ᵗ⁺参数栏中，可以通过输入数值分别设定段落的左、右边界向内缩排的距离。输入正值时，表示文本框和文本之间的距离拉大；输入负值时，表示文本框和文本之间的距离缩小。

2)    段落间距

为了阅读方便，经常需要将段落之间的距离设定得大一些，以便于更加清楚地区分段落。在【段前间距】 ᵗₑ和【段后间距】 ₑᵗ参数栏中，可以通过输入数值来设定所选段落与前一段或后一段之间的距离。

3)    对齐方式

Illustrator CS6 中的对齐方式包含【左对齐】 、【居中对齐】 、【右对齐】 、

【两端对齐，末行左对齐】▤、【两端对齐，末行居中对齐】▤、【两端对齐，末行右对齐】▤、【全部两端对齐】▤。各种段落对齐方式的效果如图6-51所示。

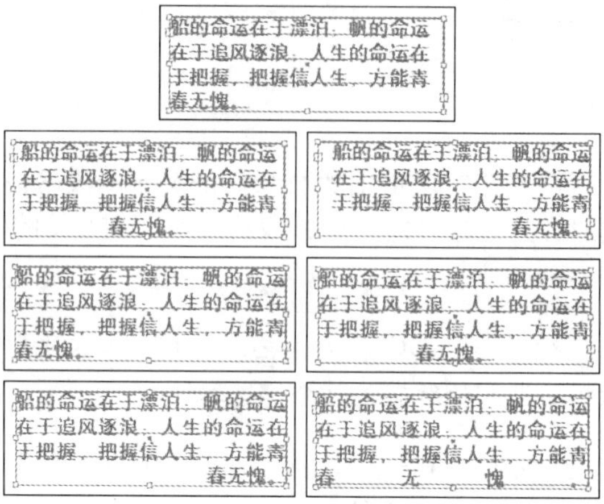

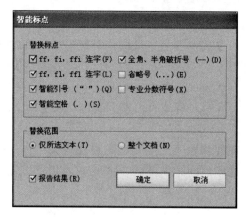

图 6-51

---

知 识

选择【文字】→【显示隐藏字符】命令，或按 Ctrl+Alt+I 快捷键，可以显示出文本的标记，包括硬回车、软回车、制表符等。

中文的文章通常会避免让逗号、右引号等标点出现在行首，在【段落】调板中【避头尾集】下拉列表框中选择【避头尾设置】，在打开的对话框中详细设置各选项，即可应用避头尾功能。

---

提 示

实际段落间的距离是前段的段后距离加上后段的段前距离。

---

4） 智能标点

选择【文字】→【智能标点】命令，会打开【智能标点】对话框，如图6-52所示。利用【智能标点】对话框可搜索键盘标点字符，并将其替换为相同的印刷体标点字符。

图 6-52

**知 识**

【智能标点】对话框中各选项的含义介绍如下。

- ff、fi、ffi 连字：将 ff、fi 或 ffi 字母组合转换为连字。
- ff、fl、ffl 连字：将 ff、fl 或 ffl 字母组合转换为连字。
- 智能引号：将键盘上的直引号改为弯引号。
- 智能空格：消除句号后的多个空格。
- 全角、半角破折号：用半角破折号替换两个键盘破折号，用全角破折号替换 3 个键盘破折号。
- 省略号：用省略点替换 3 个键盘句点。
- 专业分数符号：用同一种分数字符替换分别用来表示分数的各种字符。

5) 连字

连字是针对罗马字符而言的。当行尾的单词不能容纳在同一行时，如果不设置连字，则整个单词就会转到下一行；如果使用了连字，可以用连字符使单词分开在两行，这样就不会出现字距过大或过小的情况了，如图 6-53 所示。

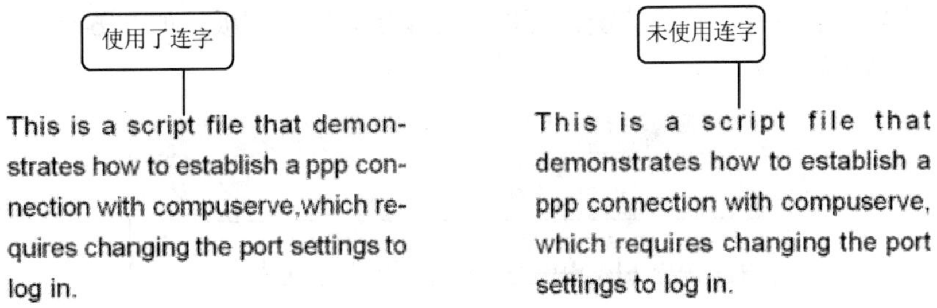

使用了连字
This is a script file that demon-
strates how to establish a ppp con-
nection with compuserve,which re-
quires changing the port settings to
log in.
未使用连字
This is a script file that
demonstrates how to establish a
ppp connection with compuserve,
which requires changing the port
settings to log in.

图 6-53

单击【段落】调板右上角的三角形按钮，在弹出的菜单中选择【连字】命令，可以打开【连字】对话框，详细设置各选项，如图 6-54 所示。

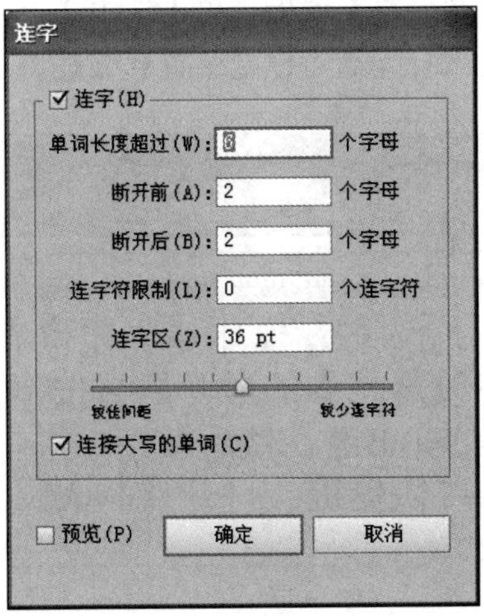
连字
连字(H)
单词长度超过(W):
个字母
断开前(A): 2
个字母
断开后(B): 2
个字母
连字符限制(L): 0
个连字符
连字区(Z): 36 pt
较佳间距
较少连字符
连接大写的单词(C)
预览(P)
确定
取消

图 6-54

知 识

【连字】对话框中各选项的含义介绍如下。

- 单词长度超过：指定用连字符连接的单词的最少字符数。
- 断开前和断开后：指定可被连字符分隔的单词开头或结尾处的最少字符数。例如，将这些值指定为 3 时，aromatic 将断为 aro-matic，而不是 ar-omatic 或 aromat-ic。
- 连字符限制：指定可进行连字符连接的最多连续行数。0 表示行尾处允许的连续连字符没有限制。
- 连字区：从段落右边缘指定一定边距，划分出文字行中不允许进行连字的部分。设置为 0 时允许所有连字。此选项只有在使用 "Adobe 单行书写器" 时才可使用。
- 连接大写的单词：选择此选项可防止用连字符连接大写的单词。

## 03 设置制表符

制表符用来在文本对象中的特定位置定位文本。选择【窗口】→【文字】→【制表符】命令，或按 Ctrl+Shift+T 快捷键，可以打开【制表符】调板，如图 6-55 所示。使用该调板可以设置缩进和制表符。

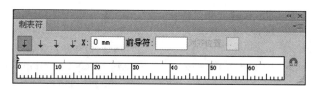

图 6-55

### 1. 使用【制表符】调板设置缩进

输入段落文本后，将光标定位在段落文本的起始处，按下键盘上的 Tab 键，接着按下 Ctrl+Shift+T 快捷键，打开【制表符】调板，单击选中【左对齐制表符】⬇ 按钮，然后在制表符的标尺栏里单击并拖动鼠标，就可以定义首行缩进量，效果如图 6-56 所示。

图 6-56

**提 示**

　　单击【制表符】调板右上角的三角形按钮，在弹出菜单中选择【重复制表符】命令，可以根据制表符与左缩进或前一个制表符定位点间的距离创建多个制表符；将制表符拖离制表符标尺可以删除制表符；在弹出菜单中选择【清除全部制表符】命令可以恢复默认制表符。

### 2. 设置制表符

　　使用【文字工具】![T]在需要加入空白的文字前单击，此时会出现闪动的文字插入光标，然后按 Tab 键，即可加入 Tab 空格。用同样的方法，在其他需要对齐的文字前加入 Tab 空格，如图 6-57 所示。

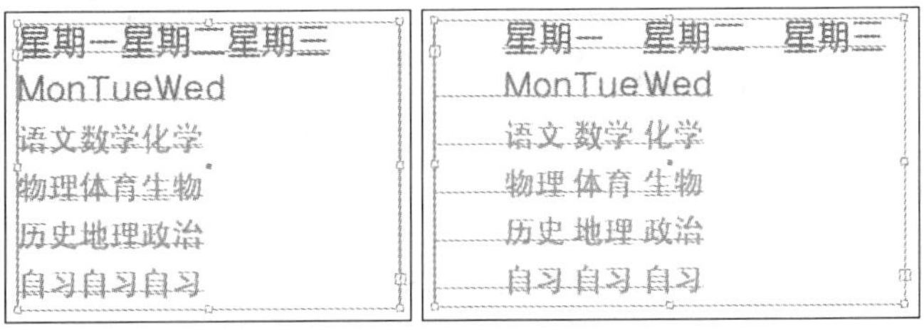

图 6-57

　　选择【窗口】→【文字】→【制表符】命令，或按 Ctrl+Shift+T 快捷键，弹出【制表符】调板，单击选中【居中对齐制表符】![↓]按钮，然后分别在文字"期"正上方标尺栏的位置单击，定义制表符位置，如图 6-58 所示。

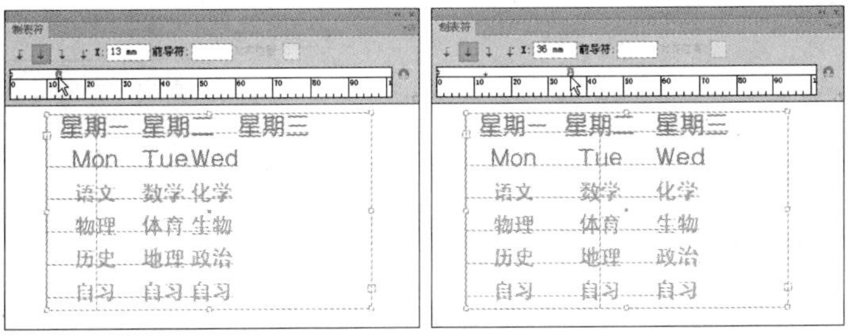

图 6-58

　　此时可以看到所输入的 Tab 空格，分别与添加的制表位相对应，三行文字分别依照制表符的位置居中对齐，如图 6-59 所示。

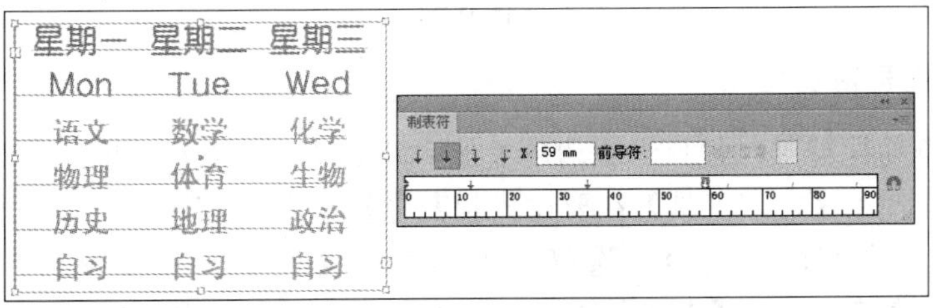

图 6-59

### 3. 悬浮缩排

要想在具有编码或项目符号的段落中对齐文本，首行必须比段落的其余部分向左凸出。在 Illustrator CS6 中使用"悬浮缩排"，很容易实现这种效果，具体操作步骤如下。

使用【文字工具】选中要设置"悬浮缩排"的段落，选择【窗口】→【文字】→【制表符】命令，或按 Ctrl+Shift+T 快捷键，打开【制表符】调板，拖动标尺中的左缩进标记即可，如图 6-60 所示。

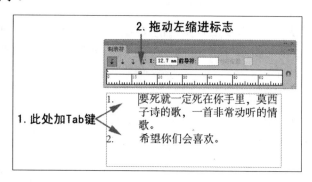

图 6-60

### 4. 小数点对齐

使用【文字工具】在每一个要对齐的数字前加入一个 Tab 空格。选中所有要设置的文字，选择【窗口】→【文字】→【制表符】命令，或按 Ctrl+Shift+T 快捷键，打开【制表符】调板。在【制表符】调板中，单击小数点对齐符，在标尺上的适当位置单击，放置制表符，如图 6-61 所示。

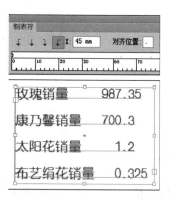

图 6-61

### 5. 制表符前导符

使用制表符前导符可以使目录或清单更加清晰明了，可以沿着前导符方便地阅读两边的内容或条目。使用【文字工具】在要设置制表符前导符的文字前加入一个 Tab 空格，选中所有要设置的文字段落内容，选择【窗口】→【文字】→【制表符】命令，或按 Ctrl+Shift+T 快捷键，打开【制表符】调板。在标尺上的适当位置单击，放置制表符。在【前导符】文本框中输入最多 8 个字符，然后按 Enter 键。在制表符的宽度范围内将重复显示所输入的字符，如图 6-62 所示。

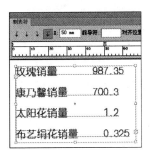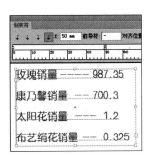

图 6-62

## 04　文本转换为轮廓

将文本转换为轮廓后，可以像其他图形对象一样进行渐变填充、应用滤镜等，可以创建更多的特殊文字效果。

使用【选择工具】 选中文本对象，选择【文字】→【创建轮廓】命令，或按 Ctrl+Shift+O 快捷键，创建文本轮廓，如图 6-63 右上图所示；可以对文本进行渐变填充，如图 6-63 左下图所示；还可以对文本应用效果，如图 6-63 右下图所示。

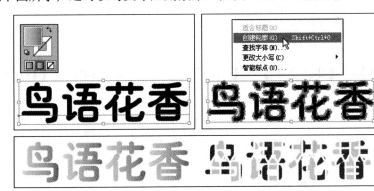

图 6-63

> **知识**
>
> 将文本转换为轮廓后，在文字上会出现很多锚点，此时，可以通过对锚点的调整来改变文本的形状，如图 6-64 所示。
>
>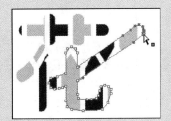
>
> 图 6-64

提 示

文本转换为轮廓后，将不再具有文本的属性。

## 05 文本链接和分栏

在 Illustrator CS6 中，可以对一个选中的段落文本对象进行分栏。分栏时，可自动创建文本链接，也可手动创建文本的链接。

### 1. 创建文本链接

当文本块中有被隐藏的文字时，可以通过调整文本框的大小显示所有的文本，也可以将隐藏的文本链接到另一个文本框中，还可以进行多个文本框的链接。

创建一个文本框或绘制一个闭合路径。利用【选择工具】 将新建的文本框或闭合路径与有文本隐藏的文本块同时选中，如图 6-65 所示。

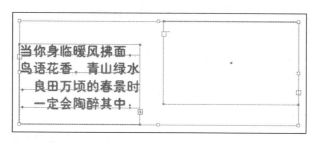

图 6-65

选择【文字】→【串接文本】→【创建】命令，即可将隐藏的文字移动到新绘制的文本框或闭合路径中，如图 6-66 所示。

图 6-66

选择【文字】→【串接文本】→【释放所选文字】命令，可以解除各文本框之间的链接状态，如图 6-67 所示。

图 6-67

知 识

单击⊞标记，当鼠标指针变为⬚时，在页面中单击或拖动绘制一个文本框，也可以创建链接文本，如图 6-68 所示。

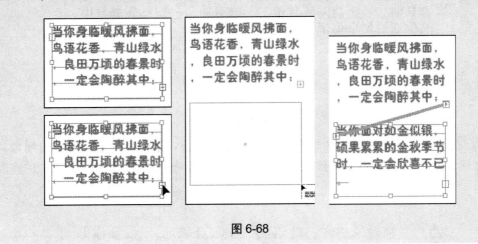

图 6-68

### 2. 创建文本分栏

创建文本分栏的步骤如下。

(1) 选中要进行分栏的文本块。选择【文字】→【区域文字选项】命令，弹出【区域文字选项】对话框，如图 6-69 所示。

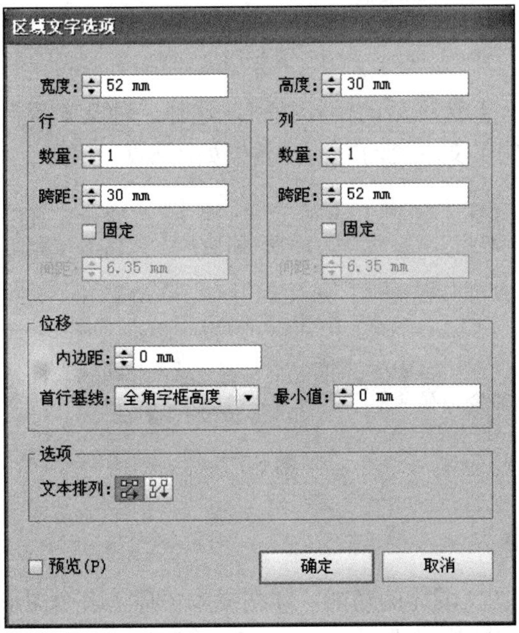

图 6-69

(2) 在【行】选项组的【数量】参数栏中输入行数，定义所选文本段落的行数，如图 6-70 所示。建立文本分栏后可以改变各行的高度，【跨距】参数栏用于设置行的高度。

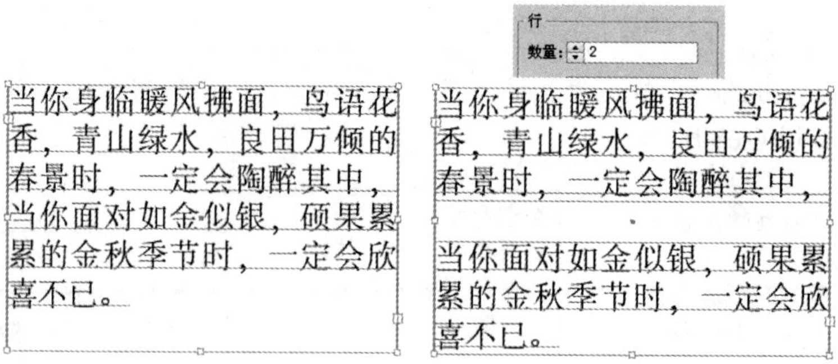

图 6-70

(3) 在【列】选项组的【数量】参数栏中输入列数，定义所选文本段落的列数，如图 6-71 所示。建立文本分栏后可以改变各列的宽度，【跨距】参数栏用于设置栏的宽度。

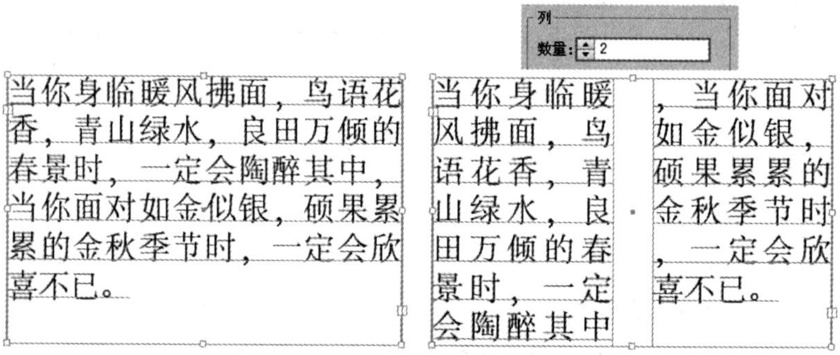

图 6-71

(4) 单击【文本排列】选项后的图标按钮，选择一种文本流在链接时的排列方式，每个图标上的方向箭头指明了文本流的方向，效果如图 6-72 所示。

图 6-72

## 06　设置图文混排

Illustrator CS6 还有图文混排的功能，即在文本中插入多个图形对象，并使所有的文本围绕着图形对象的轮廓线的边缘进行排列。在进行图文混排时，必须是文本块中的文本或区域文本，而不能是点文本或路径文本。在文本中插入的图形可以是任意形状的图形，如自由形状的路径或混合对象，或者是置入的位图，但用画笔工具创建的对象除外。

在进行图文混排时，必须使图形在文本的前面，如果是在创建图形后才输入文本，可以执行【排列】→【前移一层】命令或【排列】→【置于顶层】命令将图形对象放置在文本的前面。然后用选择工具同时选中文本和图形对象，再执行【对象】→【文本绕排】→【建立】命令即可实现图文混排的效果，如图 6-73 所示。

图 6-73

# 07  字符样式与段落样式

选择【窗口】→【文字】→【字符样式】或【段落样式】命令，可以打开【字符样式】和【段落样式】调板来创建、应用和管理字符和段落样式，如图 6-74 所示。

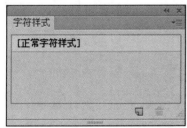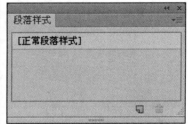

图 6-74

### 1. 创建字符或段落样式

单击调板右上角的三角形按钮，在弹出的菜单中选择【新建字符样式】或【新建段落样式】命令，打开【新建字符样式】或【新建段落样式】对话框，输入样式名称，如图 6-75 所示，单击【确定】按钮，可以创建新样式。或者单击调板上的【创建新样式】按钮 也可创建新样式。如果要在现有文本的基础上创建新样式，可以先选择文本，然后在【字符样式】调板或【段落样式】调板中单击【创建新样式】按钮 。也可以将调板中现有的样式拖到【创建新样式】按钮 上，复制现有样式，在现有样式的基础上创建新样式。

> **提 示**
>
> 要应用字符样式和段落样式，只需选择文本并在【字符样式】和【段落样式】调板中单击样式名称即可。

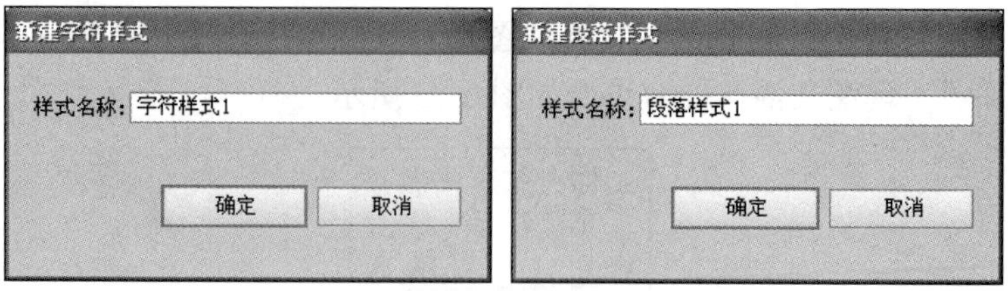

图 6-75

## 2. 编辑字符或段落样式

在编辑修改样式时，应用该样式的所有文本都会发生改变。双击样式名称，将弹出【字符样式选项】或【段落样式选项】对话框，如图 6-76 所示，在对话框的左侧，可以选择格式类别并设置选项。

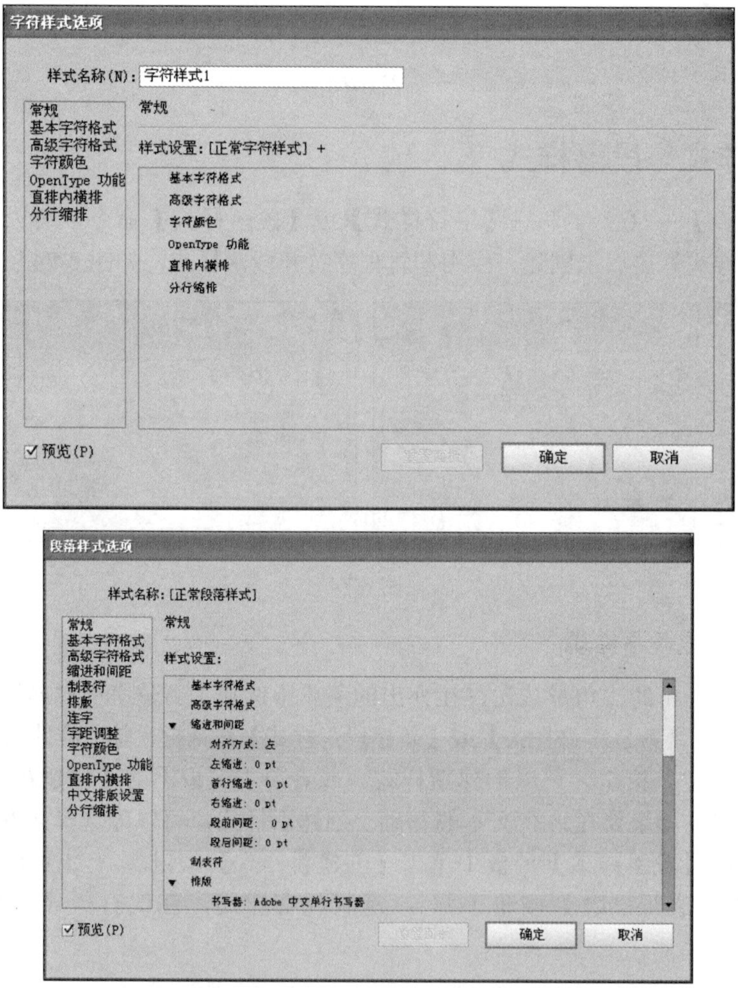

图 6-76

> **提 示**
>
> 　　【字符样式】调板或【段落样式】调板中的样式名称旁边若出现"+"，则表示文本与样式所定义的属性不匹配，如图 6-77 所示。

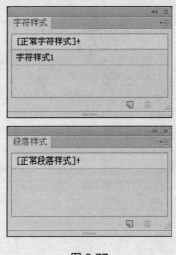

图 6-77

### 3. 载入字符和段落样式

　　从调板弹出菜单中选择【载入字符样式】或【载入段落样式】命令，或者选择【载入所有样式】命令，然后双击包含要导入样式的 Illustrator 文档便可以从其他 Illustrator 文档中载入字符和段落样式。

# 独立实践任务　1 课时

## 设计制作圣诞台历

### 任务背景

　　圣诞将至，某礼品公司为扩大宣传，委托本公司设计制作以圣诞节为题材的日历，向各经销商发放。

### 任务要求

　　画面简洁、突出圣诞节这一主题。

### 任务分析

　　画面背景以白色和红色为主，用代表圣诞节特点的雪花、雪人、彩球、圣诞树及圣诞礼品作为背景装饰，使画面看起来高档并具有欧美特色。

**任务参考效果图**

# 习　　题

(1) 使用文字工具或者直排文字工具可以直接创建两种形式的文本，即点文本和_____。

　　A. 文本块　　　　　　　　　　　　B. 段落文本

　　C. 路径文本　　　　　　　　　　　D. 以上答案都不对

(2) 使用文字工具可以创建横排或竖排的文本，当选择一种创建横排文本的工具后，在键盘上按_____可以切换到相应的竖排文本工具。

　　A. Alt 键　　　　　　　　　　　　B. Shift 键

　　C. Ctrl 键　　　　　　　　　　　　D. Ctrl+Alt 键

(3) 在复制整个文本对象时，除了可以使用复制命令以外，按下键盘上的_____，然后在选定的文本对象上按下鼠标左键拖动到新的位置，也可以起到复制的作用。

　　A. Ctrl 键　　　　　　　　　　　　B. Alt 键

　　C. Shift+Ctrl 键　　　　　　　　　D. Ctrl+Shift 键

(4) 当在【字符】调板中进行参数设置时，在键盘上按_____，可在确定当前参数的同时移动到下一个文本框中。

　　A. Shift 键　　　　　　　　　　　　B. Alt 键

　　C. Ctrl 键　　　　　　　　　　　　D. Tab 键

(5) 在【字符】调板中，有两个选项可以调整文本之间的距离，其中_____选项适用于选定的单个的词或所有文本，它可使两个或更多个被选择的字或字母之间保持相同的距离。

A．设置行距　　　　　　　　　　B．设置所选字符的字距调整

C．设置两个字符间的字距微调　　D．水平缩放

(6) 在对齐文本时，单击【段落】调板上的对齐按钮，就可以完成操作，其中_____可将文本段落的最后一行也强制对齐。

A．全部两端对齐　　　　　　　　B．两端对齐，末行居中对齐

C．居中对齐　　　　　　　　　　D．右对齐

(7) 在指定单词或者字母之间的距离时，它将首先应用于_____的文本中。

A．左对齐　　　　　　　　　　　B．两端对齐

C．右对齐　　　　　　　　　　　D．居中对齐

(8) 在确定了制表符的位置后，可先在文本中定位光标，然后按下_____，即可移动文本到下一个制表符的位置。

A．Alt 键　　　　　　　　　　　B．Ctrl 键

C．Shift 键　　　　　　　　　　D．Tab 键

(9) 当用户创建了文本对象后，可以对文字进行各种类型的填充，但只有当文本转换为路径后，才可以应用_____。

A．单色填充　　　　　　　　　　B．图案填充

C．渐变填充　　　　　　　　　　D．轮廓线填充

# 模块 07　设计与制作旅游公司游客人数统计表——编辑图表

**能力目标**

1. 学会制作图表
2. 可以自己设计制作 3D 效果图表

**软件知识目标**

1. 掌握图表的创建方法
2. 掌握图表的设置方法
3. 掌握使用图案图表的方法

**专业知识目标**

1. 图表专业知识
2. 添加并编辑图表
3. 拆分图表
4. 将图表转换为 3D 图形

**课时安排**

2 课时(讲 1 课时，实践 1 课时)——(完成模拟制作任务和掌握入门知识 1 课时，完成独立实践任务 1 课时)

# 模拟制作任务　1 课时

## 设计制作旅游公司游客人数统计表

**任务背景**

接近年尾，某国际旅游公司为迎接上级领导的视察，对上一年度的工作进行了总结，并委托本公司将 2015 年国外游客人数制作成统计图表，作为视察展板中的一部分。

**任务要求**

画面设计要求简洁大方，突出图表的数值及名称，最好将图表以新颖的方式展现出来，使其看上去不那么死板，图表信息传达正确并使人一目了然。

**任务分析**

为突出该公司的国际化形式，图形底纹采用国际地图作为装饰，又因为该公司为旅游公司，所以图表采用彩色设计，一是可以方便客户的观看和对比，二是可以展现本公司的青春与活力。将图表以立体化的形式来表现，并通过复制翻转图像制作出图像的投影，使画面更具空间感，在展现形式上也与众不同。

**本案例的难点**

3D 图表的制作是本实例的难点。首先使用【饼图工具】创建出图表，接着将图表取消编组，移动图例的位置，然后使用【凸出和斜角】命令将图表立体化，最后复制这个 3D 图表并将其栅格化，使用【镜像工具】水平镜像图像，利用【不透明度】调板创建图形的线性透明，制作出 3D 图表的投影。

**点拨和拓展**

图表泛指在屏幕中显示的，可以直观展示统计信息属性(时间性、数量性等)，对知识挖掘和信息直观生动感受起关键作用的图形结构，是一种很好的将对象属性数据直观、形象地"可视化"的手段。图表设计隶属于视觉传达设计范畴。图表分为表头和数据区两部分。

**任务参考效果图**

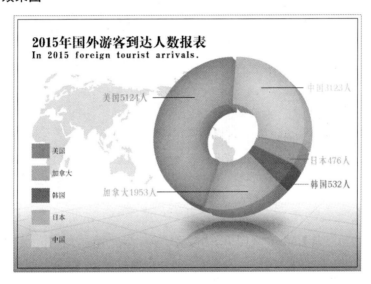

# 操作步骤详解

### 1. 新建文件并创建背景图像

(1) 执行【文件】→【新建】命令，创建一个新文件，如图 7-1 所示。

(2) 参照图 7-2 所示，使用【矩形工具】▢创建矩形，并设置其与文档中心对齐。

(3) 为矩形添加渐变填充效果，如图 7-3 所示。

(4) 使用【直线段工具】╱在视图中绘制直线段并将其进行编组，如图 7-4 所示。

(5) 打开本章素材"世界地图.psd"文件，将其拖至当前正在编辑的文档中，参照图 7-5 所示，调整图像的大小及位置，并在【透明度】调板中调整图像的透明度。

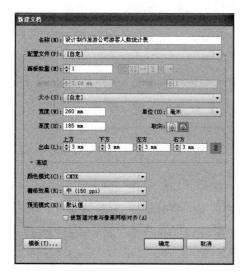

图 7-1

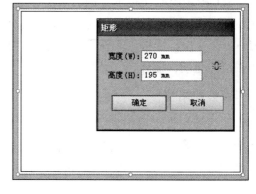

图 7-2

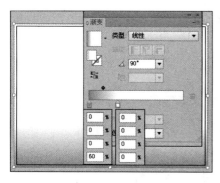

图 7-3

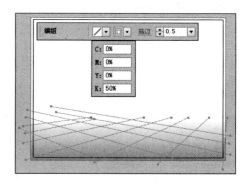

图 7-4

## 2. 制作图表

(1) 使用【饼形工具】在视图中单击，参照图 7-6 所示，在弹出的【图表】对话框中进行设置。

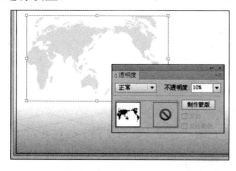

图 7-5

图 7-6

(2) 接着上一步的操作，单击对话框中的【确定】按钮，参照图 7-7 所示，在弹出的对话框中输入数值。

(3) 继续上一步的操作，单击【应用】 ☑ 按钮创建图表，如图 7-8 所示，然后关闭对话框。

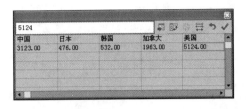

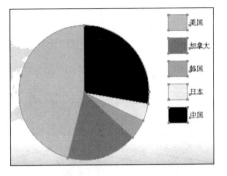

图 7-7

图 7-8

(4) 选中图表，执行【对象】→【取消编组】命令，取消图形的编组，并更改图表的颜色，如图 7-9 所示。

(5) 参照图 7-10 所示，移动图例的位置并将其进行编组。

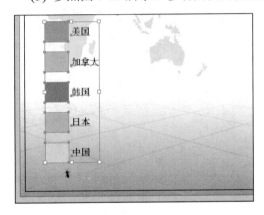

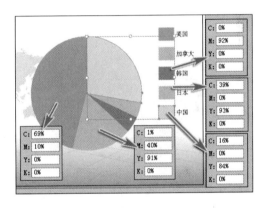

图 7-9

图 7-10

(6) 使用【椭圆工具】 ⬭ 绘制正圆，如图 7-11 所示，复制多个正圆利用【路径查找器】调板对图表进行修剪。

(7) 配合键盘上的 Shift 键选中图表，然后执行【效果】→3D→【凸出和斜角】命令，如图 7-12 所示，在弹出的对话框中进行设置，然后单击【确定】按钮，创建 3D 图形。

(8) 使用【选择工具】 ▶ 对图形的位置进行调整，如图 7-13 所示。

(9) 分别选中图表中的图形，执行【效果】→【风格化】→【内发光】命令，参照图 7-14 所示，在弹出的对话框中设置参数，然后单击【确定】按钮创建内发光效果，最后将图表进行编组。

(10) 复制图表组，执行【对象】→【栅格化】命令，参照图 7-15 所示，在弹出的【栅格化】对话框中进行设置，然后单击【确定】按钮，将图形转化为图像。

(11) 双击【镜像工具】 🔅，参照图 7-16 所示，在弹出的【镜像】对话框中进行设置，然后单击【确定】按钮，镜像图像。

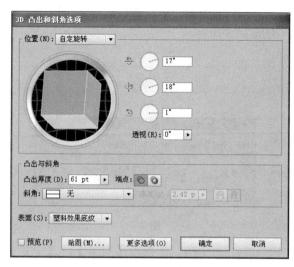

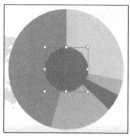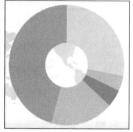

图 7-11

图 7-12

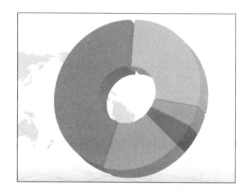

图 7-13

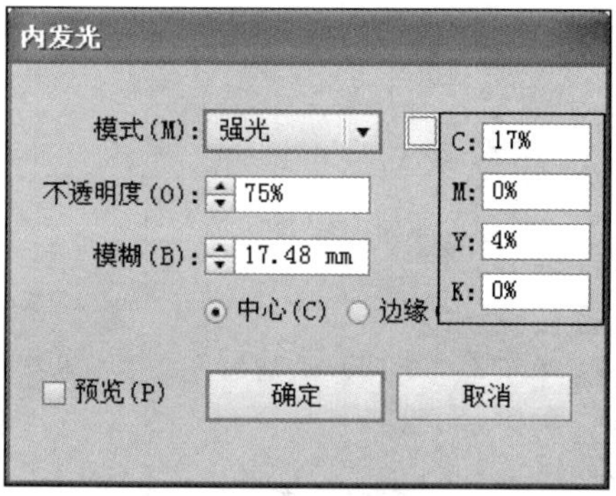

图 7-14

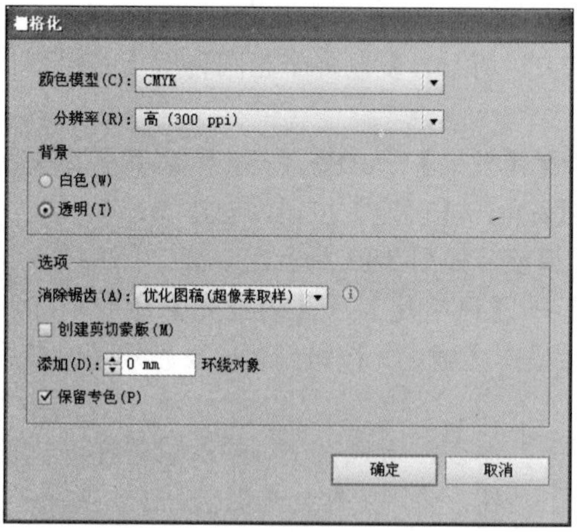

图 7-15

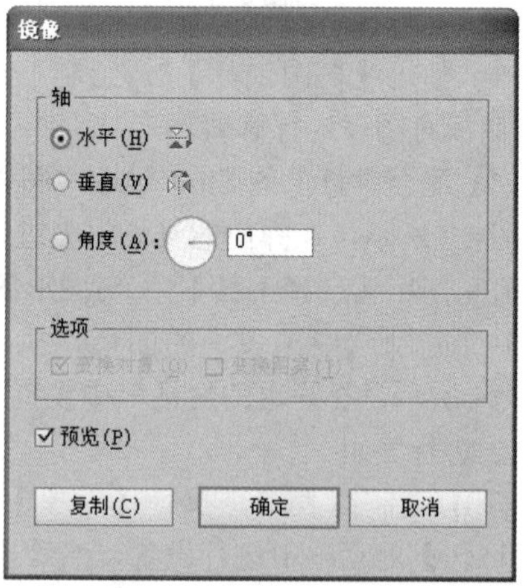

图 7-16

(12) 参照图 7-17 所示，调整图像的位置。

(13) 使用【矩形工具】▣绘制矩形，参照图 7-18 所示，为其填充白色到黑色的渐变。

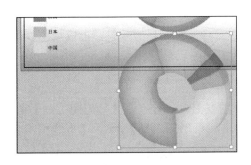

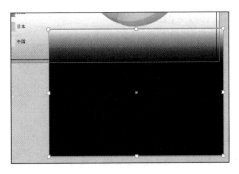

图 7-17　　　　　　　　　　　　　　　图 7-18

(14) 同时选中上一个步骤绘制的渐变矩形和栅格化后的图像，单击【透明度】调板中的【制作蒙版】按钮，创建投影效果，如图 7-19 所示。

(15) 参照图 7-20 所示，使用【文字工具】T和【直线段工具】╱创建图表标注信息。

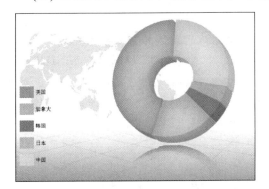

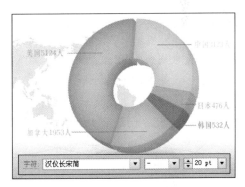

图 7-19　　　　　　　　　　　　　　　图 7-20

(16) 继续使用【文字工具】T创建图表的抬头，完成本示例的制作，如图 7-21 所示。

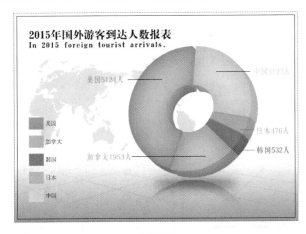

图 7-21

# 知识点扩展

## 01　创建图表

在对各种数据进行统计和比较时，为了获得更加精确、直观的效果，可以用图表的方式来表述。Illustrator CS6 提供了多种图表类型和强大的图表功能。

### 1. 图表工具

展开的图表工具组如图 7-22 所示，共有 9 个图表工具，分别是【柱形图工具】 ▥、【堆积柱形图工具】 ▥、【条形图工具】 ▤、【堆积条形图工具】 ▤、【折线图工具】 ◹、【面积图工具】 ◿、【散点图工具】 ◺、【饼图工具】 ◕、【雷达图工具】 ◉。

图 7-22

> **知 识**
>
> 图表设计对时间、空间等概念的表达和一些抽象思维的表达具有文字无法取代的传达效果。图表表达的特性归纳起来有如下几点：第一具有表达的准确性，对所示事物的内容、性质或数量等的表达准确无误。第二是信息表达的可读性，即图表要通俗易懂，尤其是用于大众传达的图表。第三是图表设计的艺术性，图表是通过视觉的传递来完成的，必须考虑到人们的欣赏习惯和审美情趣，这也是区别于文字表达的艺术特性。

### 2. 图表类型

根据不同的需要选择这 9 种不同的图表工具，可以创建出不同类型的图表。

1)　柱形图表

柱形图是最常用的图表表示方法，柱的高度与数据大小成正比。选择【柱形图工具】 ▥，在页面上的任意位置单击，会弹出如图 7-23 左图所示的【图表】对话框。在【宽度】和【高度】文本框中输入图表的宽度和高度数值，单击【确定】按钮，将自动在页面中建立图表，同时弹出图表数据输入框，如图 7-23 右图所示。

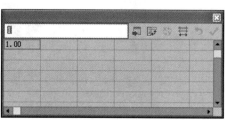

图 7-23

知识

　　在页面中按住鼠标左键，拖动出一个矩形框，也可以在页面中建立图表，同时弹出图表数据输入框。

　　在图表数据输入框左上方的文本框中直接输入各种文本或数值，然后按 Enter 键或 Tab 键确认，文本或数值将会自动添加到单元格中，如图 7-24 所示。用鼠标单击要选取的各个单元格，可以直接输入要修改的文本或数值，再按 Enter 键确认。也可以从其他应用程序中复制、粘贴数据。

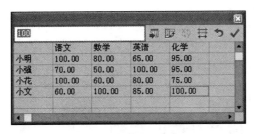

图 7-24

知识

　　图表数据输入框中的各按钮介绍如下。

　　【导入数据】按钮 可以从外部文件中输入数据信息；【换位行/列】按钮 可将横排和竖排的数据交换位置；【切换 X/Y】 按钮 将调换 X 轴和 Y 轴的位置；【恢复】按钮 可以在没有单击【应用】 按钮以前使文本框中的数据恢复到前一个状态。

　　单击【单元格样式】按钮 ，弹出【单元格样式】对话框。该对话框可以设置小数点的位数和数字栏的宽度。将鼠标放置在各单元格相交处时，将会变成 形状，拖动鼠标也可以调整数字栏的宽度。

　　在图表数据输入框中单击右上角的【应用】按钮 ，即可生成柱形图表，如图 7-25 所示。

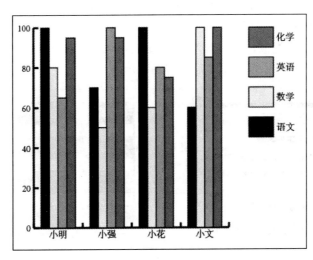

图 7-25

当需要对图表中的数据进行修改时，要先选中要修改的图表，再选择【对象】→【图表】→【数据】命令，打开图表数据输入框，设置好数据后，单击【应用】按钮☑，即可将修改好的数据应用到选定的图表中。

> **提示**
>
> 选中图表并右击，在弹出的快捷菜单中选择【数据】命令，也可以弹出图表数据输入框。

2) 堆积柱形图表

堆积柱形图表与柱形图表类似，只是显示方式不同，柱形图表显示为单一的数据比较，而堆积柱形图表显示的是全部数据总和的比较，如图 7-26 所示。因此，在进行数据总量的比较时，多用堆积柱形图表来表示。

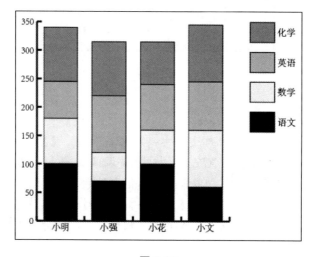

图 7-26

3) 条形图表与堆积条形图表

条形图表与柱形图表类似，只是柱形图表是以垂直方向上的矩形显示图表中的各组数据，而条形图表是以水平方向上的矩形来显示图表中的数据，如图 7-27 左图所示。堆积条形图表与堆积柱形图表类似，但是堆积条形图表是以水平方向的矩形条来显示数据总量的，与堆积柱形图表正好相反，如图 7-27 右图所示。

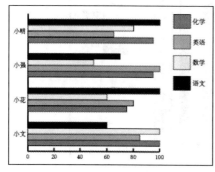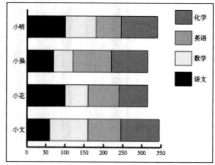

图 7-27

4)　折线图表

折线图表可以显示某种事物随时间变化的发展趋势，从而很明显地表现出数据的变化走向。折线图表也是一种比较常见的图表，给人以直接明了的视觉效果。

5)　面积图表

面积图表与折线图表类似，区别在于面积图表是利用折线下的面积而不是折线来表示数据的变化情况。

6)　散点图表

散点图表与其他图表不太一样，散点图表可以将两种有对应关系的数据同时在一个图表中表现出来。散点图表的横坐标与纵坐标都是数据坐标，两组数据的交叉点形成了坐标点。【切换 X/Y】按钮 是专为散点图表设计的，可调换 X 轴和 Y 轴的位置。

7)　饼形图表

饼图是一种常见的图表，适用于一个整体中各组成部分的比较，该类图表应用的范围比较广。饼图的数据整体显示为一个圆，每组数据按照其在整体中所占的比例，以不同颜色的扇形区域显示出来。饼图不能准确地显示出各部分的具体数值。

8)　雷达图表

雷达图表是以一种环形的形式对图表中的各组数据进行比较，形成比较明显的数据对比，雷达图表适合表现一些变化悬殊的数据。

## 02　设置图表

Illustrator CS6 可以重新调整各种类型图表的选项，可以更改某一组数据，还可以解除图表组合、应用笔画或填充颜色。

### 1.【图表类型】对话框

选择【对象】→【图表】→【类型】命令，或双击任意图表工具，将弹出【图表类型】对话框，如图 7-28 所示，利用该对话框可以更改图表的类型，并可以对图表的样式、选项及坐标轴进行设置。

图 7-28

1)　更改图表类型

在页面中选择需要更改类型的图表，双击任意图表工具，在弹出的【图表类型】对话框中选择需要的图表类型，然后单击【确定】按钮，即可将页面中选择的图表更改为指定的图表类型。

2)　指定坐标轴的位置

除了饼形图表外，其他类型的图表都有一条数值坐标轴。在【图表类型】对话框的【数值轴】下拉列表框中有【位于左侧】、【位于右侧】和【位于两侧】3 个选项，可以用来指定图表中坐标轴的位置。选择不同的图表类型，其"数值轴"中的选项也不完全相同。

3)　设置图表样式

选择【样式】选项组中的各选项可以为图表添加一些特殊的外观效果。

- **添加投影**：在图表中添加一种阴影效果，使图表的视觉效果更加强烈。
- **在顶部添加图例**：图例将显示在图表的上方。
- **第一行在前**：图表数据输入框中第一行的数据所代表的图表元素在生成图表的前面。对于柱形图表、堆积柱形图表、条形图表和堆积条形图表，只有【列宽】或【条形宽度】大于 100%时才会得到明显的效果。
- **第一列在前**：图表数据输入框中第一列的数据所代表的图表元素在最前面。对于柱形图表、堆积柱形图表、条形图表、堆积条形图表，只有【列宽】或【条形宽度】大于 100%时才会得到明显的效果。

> **知识**
>
> 当【列宽】和【簇宽度】大于 100%时，相邻的柱形条就会重叠在一起，甚至会溢出坐标轴。

4)　设置图表选项

除了面积图表以外，其他类型的图表都有一些附加选项可供选择，在【图表类型】对话框中选择不同的图表类型，其【选项】选项组中包含的选项也各不相同。下面分别对各类型图表的选项进行介绍。

柱形图表、堆积柱形图表、条形图表、堆积条形图表的【选项】选项组中的内容如图 7-29 所示。

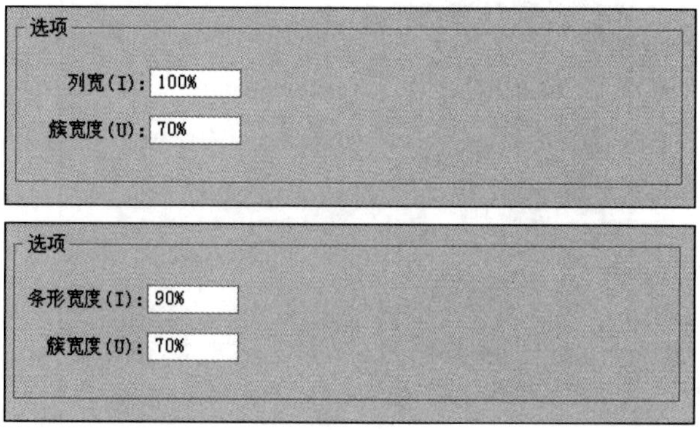

**图 7-29**

> **知 识**
>
> 柱形图表、堆积柱形图表、条形图表、堆积条形图表中【选项】选项组中的含义：【列宽】是指图表中每个柱形条的宽度，【条形宽度】是指图表中每个条形的宽度，【簇宽度】是指所有柱形或条形所占据的可用空间。

折线图表、雷达图表的【选项】选项组中的内容如图 7-30 所示。

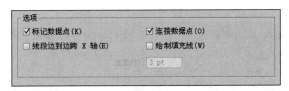

图 7-30

> **知 识**
>
> 在折线图表、雷达图表【选项】选项组中选中【标记数据点】复选框，将使数据点显示为正方形，否则直线段中间的数据点不显示；选中【连接数据点】复选框将在每组数据点之间进行连线，否则只显示一个个孤立的点；选中【线段边到边跨 X 轴】复选框，连接数据点的折线将贯穿水平坐标轴；选中【绘制填充线】复选框将激活其下方的【线宽】数值框。

散点图表的【选项】选项组中的内容如图 7-31 所示，除了缺少【线段边到边跨 X 轴】选项之外，其他选项与折线图表和雷达图表的选项相同。

图 7-31

饼图的【选项】选项组中的内容如图 7-32 所示。

图 7-32

> **知 识**
>
> 在饼图【选项】选项组中，【图例】选项用于控制图例的显示，在其下拉列表框中可以选择【无图例】、【标准图例】或【楔形图例】。
>
> 【位置】选项用于控制饼图以及扇形块的摆放位置，在其下拉列表框中【比例】选项将按比例显示各个饼图的大小；【相等】选项使所有饼的直径相等；【堆积】选项将所有的饼图叠加在一起。

【排序】选项用于控制图表元素的排列顺序，其下拉列表框中的【全部】选项是将元素信息由大到小顺时针排列；【第一个】选项是将最大值元素信息放在顺时针方向的第一个，其余按输入顺序排列；【无】选项表示按元素的输入顺序顺时针排列。

### 2. 设置坐标轴

在【图表类型】对话框顶部的下拉列表框中选择【数值轴】选项，如图 7-33 所示，可以设置坐标轴。

图 7-33

- **刻度值**：选中【忽略计算出的值】选项时，下方的 3 个数值框将被激活，【最小值】选项表示坐标轴的起始值，也就是图表原点的坐标值；【最大值】选项表示坐标轴的最大刻度值；【刻度】选项用来决定将坐标轴上下分为多少部分。
- **刻度线**：【长度】下拉列表框中包括 3 项，选择【无】选项表示不使用刻度标记；选择【短】选项表示使用短的刻度标记；选择【全宽】选项，刻度线将贯穿整个图表。【绘制】文本框可以设置相邻两个刻度间的刻度标记条数。
- **添加标签**：【前缀】选项是指在数值前加符号；【后缀】选项是指在数值后加符号。

选择【图表类型】下拉列表框中的【类别轴】选项，如图 7-34 所示。用以设置图表中刻度的长短，以及刻度的数量。

**知 识**

为图表的标签和图例生成文本时，Illustrator 使用默认的字体和大小，选择【直接选择工具】👆单击可以选择文字的基线；双击可以选择所有的文字，然后根据需要更改文字属性。选择【直接选择工具】👆单击选中图表中的图形元素，然后应用笔画或填充颜色等。

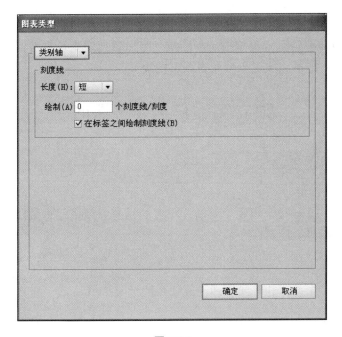

图 7-34

## 03　使用图表图案

Illustrator CS6 可以自定义图表的图案，使图表更加生动。

选择在页面中绘制好的图形符号，然后选择【对象】→【图表】→【设计】命令，在弹出的【图表设计】对话框中单击【新建设计】按钮，可以新建图案，如图 7-35 左图所示。单击【重命名】按钮，可以打开另一个【图表设计】对话框，如图 7-35 右图所示，可以重命名系统默认的图案名称，如"徽标"，然后单击【确定】按钮。

图 7-35

在【图表设计】对话框中单击【粘贴设计】按钮,可以将图案粘贴到页面中,然后对图案重新进行修改和编辑。编辑修改后的图案还可以重新定义。在对话框中编辑完成后,单击【确定】按钮,即可完成对一个图表图案的定义。

# 独立实践任务　1 课时

### 设计制作业绩图表

#### 任务背景

新年来临之际,某科技公司为了对前几年度的销售业绩进行总结,委托本公司设计制作业绩图表,发送给投资商及客户。

#### 任务要求

画面简洁大气,空间感和时尚感强,能让客户一目了然。

#### 任务分析

使用大小不等的彩色矩形作为背景体现科技感,运用销售报表和折线图营造出空间感和商业氛围,通过创建立体饼图和柱形图使客户一目了然,增强作品的视觉冲击力。

#### 任务参考效果图

# 习　题

(1) 利用工具箱中的图表工具，可以创建出_____种图表类型。

    A. 7种　　　　　　　　　　　　　　B. 8种

    C. 9种　　　　　　　　　　　　　　D. 10种

(2) 图表包括_____和_____两部分。

    A. 图例　　　　　　　　　　　　　B. 数据

    C. 数轴　　　　　　　　　　　　　D. 面积

(3) 设置图表的高度和宽度有_____种方法。

    A. 1种　　　　　　　　　　　　　B. 2种

    C. 3种　　　　　　　　　　　　　D. 4种

(4) 下面的几种图表类型中，_____是程序默认的图表类型。

    A. 柱形图表　　　　　　　　　　　B. 堆积柱形图表

    C. 条形图表　　　　　　　　　　　D. 堆积条形图表

(5) 下面的几种图表，_____可以用来做股市行情图。

    A. 柱状图表　　　　　　　　　　　B. 叠加柱状图表

    C. 折线图表　　　　　　　　　　　D. 条状图表

(6) 下面_____类型类似于填充的线性图表。

    A. 柱状图表　　　　　　　　　　　B. 面积图表

    C. 条状图表　　　　　　　　　　　D. 雷达状图表

(7) 使用工具箱中的_____工具，可以选择图表中的任意部分。

    A. 选择工具　　　　　　　　　　　B. 直接选择工具

    C. 组选择工具　　　　　　　　　　D. 魔棒工具

(8) 下面_____图表是以圆形的形式比较图表中的各组数据的。

    A. 饼图　　　　　　　　　　　　　B. 区域

    C. 条状　　　　　　　　　　　　　D. 柱状

(9) 在利用图案显示图表时，_____缩放方式是结合图表中数据大小对图案进行放大和缩小的。

    A. 垂直缩放　　　　　　　　　　　B. 一致缩放

    C. 重复堆叠　　　　　　　　　　　D. 局部缩放

# 模块 08　设计与制作手提袋
## ——高级技巧

**能力目标**

1. 掌握 Illustrator 高级技巧
2. 可以自己设计制作手提袋

**软件知识目标**

1. 掌握【图层】调板的应用
2. 掌握蒙版的应用
3. 掌握封套的应用

**专业知识目标**

1. 了解关于手提袋的专业知识
2. 了解【图层】调板
3. 学会使用蒙版和封套
4. 了解动作和批处理的应用

**课时安排**

2 课时(讲 1 课时，实践 1 课时)——(完成模拟制作任务和掌握入门知识 1 课时，完成独立实践任务 1 课时)

## 模拟制作任务　1 课时

### 设计制作手提袋

#### 任务背景

　　Kmart 冷饮食品公司推出一款高档冰激凌，并给该冰激凌起了一个非常好听的名字"Full belly"，该冰激凌已经具有自己独特的包装，但是在顾客需要购买多个产品并将其带回家的时候却不是很方便，于是 Kmart 冷饮食品公司委托本公司为该品牌冰激凌设计制作一款手提袋，方便客户携带，提升公司形象。

#### 任务要求

　　手提袋的尺寸为 290mm×80mm×500mm，用冰激凌图像作为手提袋的主题图案，设计画面要求简洁时尚，色彩的整体效果需要与产品包装相协调。

**任务分析**

因为该品牌冰激凌本身已经具有包装，所以手提袋的颜色采用与包装颜色相匹配的蓝色和白色，这样整体形象才能统一。手提袋上的图案选取变换的水滴图形以及圆形，增强手提袋整体的时尚感。

**本案例的难点**

标志的制作是本实例的难点。首先绘制一个正圆，然后打开褶皱纸张素材，复制正圆并调整图层顺序到褶皱纸张的上方，同时选中正圆和褶皱纸张创建剪切蒙版；其次绘制矩形并创建文字信息，为其创建封套扭曲效果；最后绘制咖啡色大正圆到蓝色小正圆的混合图形，通过旋转并复制混合图形，创建散射的太阳图形。

**点拨和拓展**

手提袋是较为廉价的容器，用于盛放物品，因为其一般可以用手提方式携带而得名。手提袋的尺寸通常根据包装品的尺寸而定。通用的标准尺寸分三开、四开或对开三种。每种又分为正度或大度两种。本实例的效果可应用于书法用品和茶叶的外包装。

**任务参考效果图**

# 操作步骤详解

### 1. 新建文件并创建刀版

(1) 执行【文件】→【新建】命令，创建一个新文件，如图 8-1 所示。

(2) 选择【矩形工具】然后在视图中单击，参照图 8-2 所示，在弹出的【矩形】对话框中设置参数，然后单击【确定】按钮创建矩形。

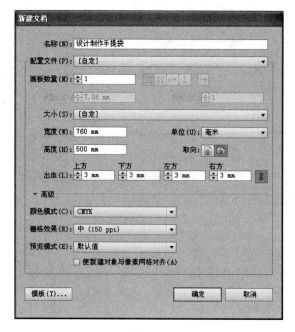

图 8-1 图 8-2

(3) 执行【视图】→【智能参考线】命令打开智能参考线，使用前面介绍的方法继续创建矩形，参照图 8-3 所示，对齐矩形。

(4) 复制上一步创建的矩形，如图 8-4 所示。

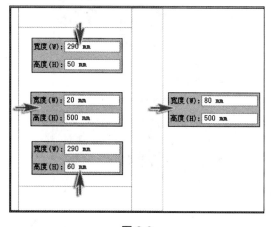

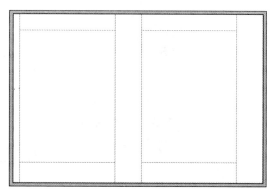

图 8-3 图 8-4

(5) 使用快捷键 Ctrl+R 打开标尺，参照图 8-5 所示，从标尺中拖出参考线。

(6) 参照图 8-6 所示，在视图中创建虚线，作为刀版上的折痕线，为方便观察可以使用快捷键 Ctrl+;隐藏参考线。

(7) 使用快捷键 Ctrl+;显示参考线，使用【椭圆工具】 绘制正圆，如图 8-7 所示。

(8) 双击【移动工具】 ，参照如图 8-8 所示，在弹出的【移动】对话框中进行设置，然后单击【确定】按钮移动图形。

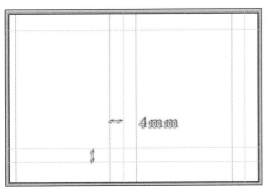

图 8-5

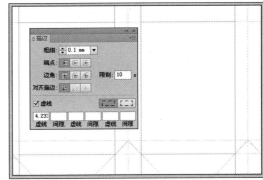

图 8-6

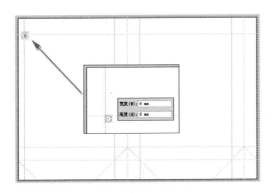

图 8-7

图 8-8

(9) 复制并移动正圆图形，效果如图 8-9 所示。

(10) 双击【移动工具】 ，参照图 8-10 所示，在弹出的【移动】对话框中进行设置，然后单击【确定】按钮移动图形。

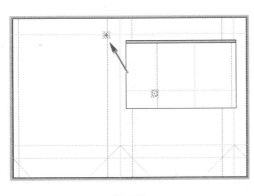

图 8-9

图 8-10

(11) 复制正圆，完成刀版打孔的制作，效果如图 8-11 所示。

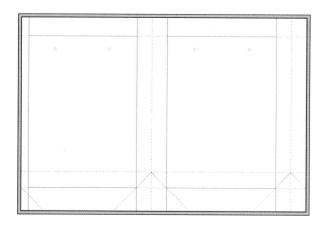

图 8-11

### 2. 创建背景图形

(1) 单击【图层】调板底部的【创建新图层】 按钮，新建"图层 2"，参照图 8-12 所示，使用【矩形工具】沿出血线绘制矩形。

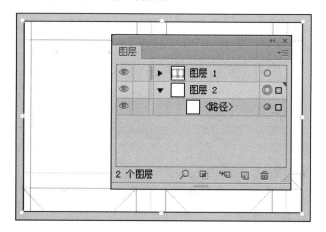

图 8-12

(2) 参照图 8-13 所示，为矩形填充渐变。

(3) 继续绘制矩形，如图 8-14 所示。

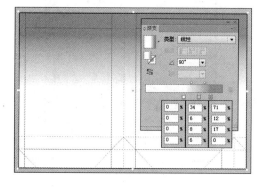

图 8-13

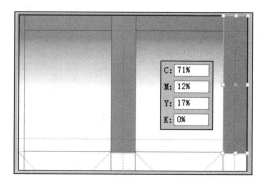

图 8-14

(4) 打开附带光盘中的"模块 08\花纹.jpg"文件，将其拖至当前正在编辑的文档中，参照图 8-15 所示，缩小图像。

图 8-15

(5) 执行【窗口】→【图案选项】命令，在弹出的调板中单击 按钮，在弹出的菜单中选择【制作图案】命令，参照图 8-16 所示，在弹出的对话框中单击【确定】按钮，然后单击【完成】按钮，创建图案。

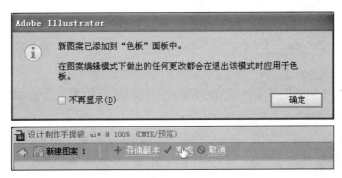

图 8-16

(6) 使用【矩形工具】 ![] 沿出血线绘制矩形，参照图 8-17 所示，创建图案填充效果。

(7) 选中上一步创建的图形，参照图 8-18 所示，在【透明度】调板中进行设置。

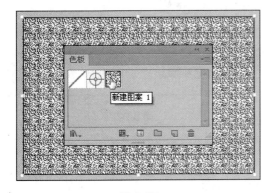

图 8-17

图 8-18

### 3. 创建背景图形

(1) 新建"图层 3"，使用【矩形工具】█绘制矩形，并使用【文字工具】⊤添加文字，效果如图 8-19 所示。

(2) 打开本章素材"冷饮.jpg"文件，参照图 8-20 所示，缩小并调整图像的位置。

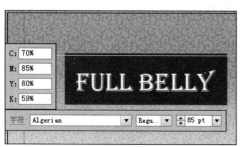

图 8-19

图 8-20

(3) 使用【钢笔工具】█，参照图 8-21 所示，绘制路径。

(4) 继续使用【钢笔工具】█绘制图形，并将其进行编组，如图 8-22 所示。

图 8-21

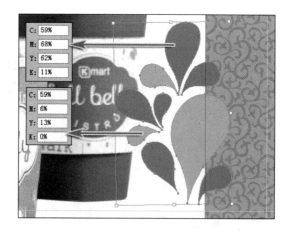

图 8-22

(5) 复制并放大上一步创建的编组图形，参照图 8-23 所示，使用【编组选择工具】█调整图形的位置。

(6) 使用【矩形工具】█绘制矩形，同时选中矩形和形状组，创建剪切蒙版，效果如图 8-24 所示。

图 8-23　　　　　　　　　　　　　　　　图 8-24

(7) 使用【椭圆工具】 ◉ 绘制正圆，效果如图 8-25 所示。

(8) 打开光盘中的本章素材文件"褶皱纸张.jpg"，将其拖至当期正在编辑的文档中，参照图 8-26 所示，调整图像的大小和位置。

图 8-25　　　　　　　　　　　　　　　　图 8-26

(9) 复制并缩小正圆，调整图层顺序至褶皱纸张图像的上方，同时选中椭圆和褶皱纸张创建剪切蒙版，如图 8-27 所示。

(10) 使用【矩形工具】 ▣ 绘制矩形，然后使用【文字工具】 Ⓣ 创建文字，效果如图 8-28 所示。

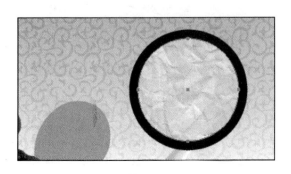

图 8-27　　　　　　　　　　　　　　　　图 8-28

(11) 同时选中矩形和文字，执行【对象】→【封套扭曲】→【用变形建立】命令，参照图 8-29 所示，在弹出的对话框中设置参数，然后单击【确定】按钮，创建封套效果。

(12) 参照图 8-30 所示，使用【椭圆工具】 绘制正圆。

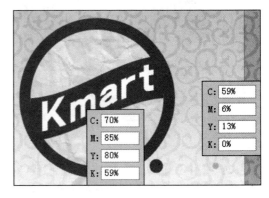

图 8-29　　　　　　　　　　　　　　　图 8-30

(13) 使用【混合工具】 在两个正圆上分别单击，然后在工具箱中双击该工具，参照图 8-31 所示，在弹出的对话框中进行设置，最后单击【确定】按钮，完成混合效果。

(14) 移动上一步创建图形的位置，使用快捷键切换到【旋转工具】 ，参照图 8-32 所示移动中心点的位置。

图 8-31　　　　　　　　　　　　　　　图 8-32

(15) 拖动鼠标旋转图形并配合键盘上的 Alt 键复制图形，如图 8-33 所示，然后将混合图形进行编组。

(16) 使用【椭圆工具】 绘制椭圆，参照图 8-34 所示，为椭圆填充渐变效果。

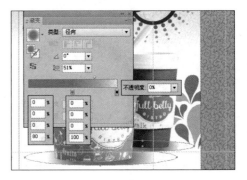

图 8-33　　　　　　　　　　　　　　　图 8-34

(17) 执行【效果】→【模糊】→【高斯模糊】命令，参照图 8-35 所示，在弹出的【高斯模糊】对话框中设置参数，然后单击【确定】按钮，模糊图形。

(18) 参照图 8-36 所示，使用【直线段工具】创建直线段，复制文字并执行【文字】→【文字方向】→【垂直】命令，更改文字方向。

图 8-35　　　　　　　　　　　　　　　　图 8-36

(19) 复制并移动"图层 3"上的图形，效果如图 8-37 所示。

图 8-37

# 知识点扩展

## 01　图层与【图层】调板

当用户在 Illustrator CS6 中创建非常复杂的作品时，往往需要在绘图页面创建多个对象，由于各个对象的大小不一致，小的对象有可能隐藏在大的对象下面，这样就不会显示所有的对象，选择和查看都很不方便，这时就可以使用图层来管理对象。图层就像一个文件夹一样，它可以包含多个对象，用户可以对图层进行各种编辑，如更改图层中对象的排列层序，在一个父图层下创建子图层，在不同的图层之间移动对象，以及更改图层的排列顺序等。

图层的结构可以是单一的或是复合的，默认状态下，在绘图页面上创建的所有对象都存放在一个单一的父图层中，用户可以创建新的图层，并将这些对象移动到新的图层。使用【图层】调板可以很容易地选择、隐藏、锁定以及更改作品的外观属性等，并可以创建一个模板图层，以在描摹作品或者从 Photoshop 导入图层时使用。

当使用图层进行工作时，可以在【图层】调板中进行，在该调板中几乎提供了所有与图层有关的选项，它可以显示当前文件中所有的图层，以及图层中所包含的内容，如路径、群组、封套、复合路径以及子图层等，通过对调板中的标记和按钮以及调板菜单的操作，可以完成对图层以及图层中所包含的对象的设置。

在创建作品的过程中，如果需要使用【图层】调板时，执行【窗口】→【图层】命令后，就可以打开该调板，如图 8-38 所示。

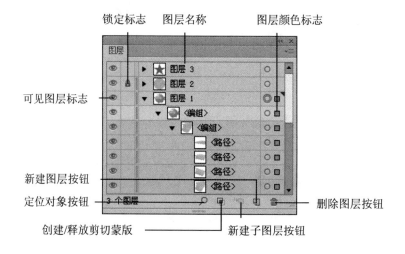

图 8-38

在调板的左下角显示了当前文件中所创建的图层的总数，而单击右上角的三角按钮，会弹出调板菜单。

知 识

在【图层】调板中包含多个组件，下面分别对它们进行介绍。

● 图层名称：默认状态下，在新建图层时，如果用户未指定名称，程序将以数字的递增为图层命名，如图层 1、图层 2 等。当然，还可以根据需要为图层重新命名。单击名称前的三角按钮，可以展开或折叠图层，当该按钮为 ▶ 时，表明该图层中的选项处于折叠状态，单击该按钮，就可以展开当前图层中所有的选项，查看其中的信息；而当它显示为 ▼ 时，则表示图层中的选项处于展开状态，单击该按钮，就可以将该图层折叠起来，这样可以节省调板的空间。

● 锁定标志 🔒：表示当前的图层处于锁定状态，此时不能对图层进行选择、删除等编辑。单击该图标，图层的锁定状态解除。

● 可见图层标志 👁：表示当前图层中的对象是可见的，单击该标志可以隐藏当前的图层。通过单击该图标可以控制当前图层中的对象在页面上的显示与否。

- 【创建/释放蒙版】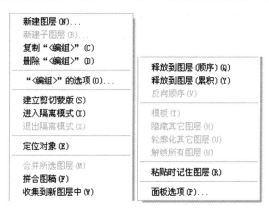按钮：单击该按钮可将当前的图层创建为蒙版，或者将蒙版恢复为原来的状态。
- 【新建子图层】按钮：单击该按钮，可以为当前活动的图层新建一个子图层。
- 【新建图层】按钮：单击该按钮，可以在活动图层上面创建一个新的图层。
- 【删除图层】按钮：该按钮可以用于删除一个不再需要的图层。
- 【定位对象】按钮：该按钮可定位选择对象所在图层。
- 图层颜色标志：表示当前图层的颜色色样，默认状态下各图层的颜色是不同的，用户也可以在创建图层时指定自己所喜欢的颜色，这样在该图层中的对象的选择框就会显示相应的颜色。

## 02　编辑图层

当用户使用图层进行工作时，可以通过【图层】调板对图层进行编辑，如为对象创建新的图层，为当前的父图层创建子图层，为图层设置选项，合并图层，创建图层模板等，这些操作都可以通过执行调板菜单中的命令来完成。

单击【图层】调板右上角的三角按钮，即可弹出调板菜单，如图 8-39 所示。在该调板菜单中提供了多个对图层进行操作的命令，用户可执行相应的命令来完成对调板的编辑。

图 8-39

### 1. 新建图层

在新建一个文件的同时，默认情况下会自动创建一个透明的图层，用户可以根据需要在文件中创建多个图层，而且可以在父图层中嵌套多个子图层。

由于 Illustrator 会在选定图层的上面创建一个新的图层，所以在新建图层时，要选定它下面的图层，然后单击调板上的新建图层按钮，这时调板中会出现一个空白的图层，并且处于选中状态，用户这时就可以在该图层中创建对象了。

如果要设置新创建的图层，可以从调板菜单中选择【新建图层】命令，或者按下 Alt 键单击新建图层按钮，打开【图层选项】对话框进行设置，如图 8-40 所示。

图 8-40

除了前面所提到的创建图层的方法外，也可以先按下 Ctrl 键，再单击新建图层按钮，在使用这种方式时，不管当前选择的是哪一个图层，都会在图层列表的最上方创建一个新的图层。

如果要为当前选定的图层创建一个子图层，可以单击调板上的创建子图层按钮，或者从调板菜单中选择【新建子图层】命令，或者按下 Alt 键单击新建子图层按钮，同样也可以打开【图层选项】对话框，它的设置方法与新建图层是一样的。

● **名称**：该项用于指定在调板中所显示的图层名称，直接在文本框内键入即可。

● **颜色**：为了在页面上区分各个图层，Illustrator 会为每个图层指定一种颜色，来作为选择框的颜色，并且在调板中的图层名称后也会显示相应的颜色块。该选项的下拉列表框中提供了多种颜色，当选择【自定义】选项时，会打开【颜色】对话框，用户可以从中精确定义图层的颜色，然后单击【确定】按钮，如图 8-41 所示。

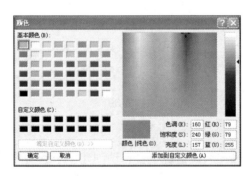

图 8-41

● **模板**：选中该复选框后，该图层将被设置为模板，这时不能对该图层中的对象进行编辑。

● **锁定**：选中该复选框后，新建的图层将处于锁定状态。

● **显示**：该项用于设置新建图层中的对象在页面上是否显示，当取消选中该复选框后，对象在页面中是不可见的。

- **打印**：选中该复选框后，该图层中的对象将可以被打印出来。而取消选中该复选框后，该图层中所有的对象都不能被打印。
- **预览**：选中该复选框后，表示将在 Preview 视图中显示新图层中的对象。
- **变暗图像至**：此项可以降低处于该图层中的图形的亮度，用户可在后面的文本框内设置其降低的百分比，默认值为 50%。

### 2. 选择、复制或删除图层

选择一个图层时，直接在图层名称上单击，该图层会呈高亮度显示，并在名称后会出现一个当前图层指示器标志 ▇，表明该图层为活动图层。按下 Shift 键可以选择多个连续的图层，单击第一个和最后一个图层即可；而按下 Ctrl 键可以选择多个不连续的图层，逐个单击图层即可。

---

**知识**

在复制图层时，将会复制图层中包含的所有对象，包括路径、群组，以至于整个图层。选择所要复制的项目后，可采用下面几种复制方式：

- 从调板菜单中选择【复制】命令。
- 拖动选定项目到调板底部的新建图层按钮上。
- 按下 Alt 键，在选定的项目上按下鼠标左键进行拖动，当指针处于一个图层或群组上时松开鼠标，复制的选项将放置到该图层或群组中；如果指针处于两个项目之间，则会在指定位置添加复制的选项，如图 8-42 所示。

图 8-42

---

**技巧**

当删除图层或者项目(图层中包含的子对象)时，会同时删掉图层中包含的对象。如子图层、群组、路径等。操作时应先选择，然后单击调板上的删除图层按钮，或者拖动图层或项目到该按钮上，还可以执行调板菜单中的【删除】命令。

### 3. 隐藏或显示图层

当隐藏一个图层时，该图层中的对象将不在页面上显示，在【图层】调板中用户可以有选择地隐藏或显示图层，比如在创建复杂的作品时，能用快速隐藏父图层的方式隐藏多个路径、群组和子对象。

下面是几种隐藏图层的方式。

- 在调板中需要隐藏的项目前单击眼睛图标，就会隐藏该项目，而再次单击会重新显示。
- 如果在一个图层的眼睛图标上按下鼠标左键向上或向下拖动，则鼠标经过的图标都会隐藏，这样可以很方便地隐藏多个图层或项目。
- 在调板中双击图层或项目名称，即可打开【图层选项】对话框，在其中取消选中【显示】复选框，单击【确定】按钮。
- 如果要隐藏【图层】调板中所有未选择的图层，可以执行调板菜单中的【隐藏其他】命令，或按下 Alt 键，单击需要显示图层的眼睛图标。图 8-43 是隐藏图层前后的对比效果。

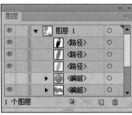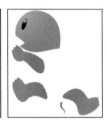

图 8-43

- 执行调板菜单中的【显示所有图层】命令，则会显示当前文件中的所有图层。

### 4. 锁定图层

当锁定图层后，该图层中的对象不能再被选择或编辑，利用图层调板所提供的锁定父图层命令能够快速锁定多个路径、群组或子图层。

**知 识**

下面是几个锁定图层的具体方法。

在调板中需要锁定的图层或项目前单击眼睛图标右边的方框，即可锁定该图层项目，单击锁定标志会解除锁定。图 8-44 是锁定"图层1"后的显示状态。

图 8-44

- 如果要锁定多个图层或项目时，可拖动鼠标经过眼睛图标右边的方框。
- 在调板中双击图层或项目名称，在打开的【图层选项】对话框中选中【锁定】复选框，单击【确定】按钮，锁定当前图层。
- 要在调板中锁定所有未选择的图层时，可执行调板菜单中的【锁定其他】命令。

在调板中通过对图层的锁定来锁定其中的对象，与执行【对象】菜单中命令的作用是相同的。

### 5. 释放和收集图层

执行【释放到图层】命令，可为选定的图层或群组创建子图层，并将其中的对象分配到创建的子图层中。而执行【收集到新建图层】命令，可以新建一个图层，并将选定的子图层或其他选项都放到该图层中。

首先在调板中选择一个图层或者群组，如图 8-45 所示。

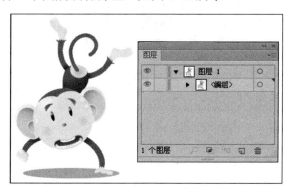

图 8-45

然后执行调板菜单中的【释放到图层(顺序)】命令，可将该选项图层或群组内的选项按创建的顺序分离成多个子图层。而执行调板菜单中的【释放到图层(累积)】命令时，则将以数目递增的顺序释放各选项到多个子图层，图 8-46 是执行这两个命令后创建的效果。

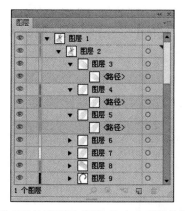
使用【释放到图层(顺序)】命令后的效果

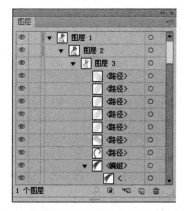
使用【释放到图层(累积)】命令后的效果

图 8-46

这时可对子图层重新组合，按住 Shift 键或者 Ctrl 键，连续或不连续选择需要收集的子图层或其他选项，然后执行调板菜单中的【收集到新建图层中】命令，即可将所选择的内容放置到一个新建的图层中，如图 8-47 所示。

图 8-47

### 6. 合并图层

编辑好各个图层后，可将这些图层进行合并，或者合并图层中的路径、群组或者子图层。当执行【合并所选图层】命令时，可以选择所要合并的选项；而执行【拼合图稿】命令，会将所有可见图层合并为单一的父图层，合并图层时，不会改变对象在页面上的层序。

如果需要将对象合并到一个单独的图层或群组中，可以先在调板中选择需要合并的项目，然后执行调板菜单中的【合并图层】命令，则选择的项目会合并到最后一个选择的图层或群组中。

当合并所有图层时，应先选择任意一个图层，然后执行调板菜单中的【链接图层】命令即可。

> **提 示**
>
> 【链接图层】命令不能合并隐藏、锁定的图层和图层模板。当存在有隐藏图层时，会出现一个提示框，询问用户是否删除隐藏的图层，用户可以根据实际需要进行选择。

### 7. 设置调板选项

当使用图层调板时，可对调板进行一些设置，来更改默认情况下调板的外观，执行调板菜单中的【调板选项】命令，即可打开【图层面板选项】对话框，如图 8-48 所示。

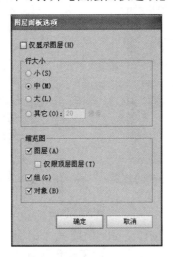

图 8-48

使用【图层面板选项】对话框中的选项可以更改调板的外观，下面分别对它们进行介绍。

- 仅显示图层：当选中该复选框后，在调板中将只显示父图层和子图层，而隐藏路径、群组或者其他对象。
- 行大小：在该选项组中，可以指定缩略图的尺寸，只要选中相应的单选按钮即可，当选择【其他】单选按钮时，可以自定义它的大小，默认值为 20 像素，可设置的范围为 12～100 像素。
- 缩览图：在该选项组中可以设置缩略图中所包含的内容，选中需要显示的复选框，在调板中的缩略图中就会显示在该项目中存在的对象，如图层、群组或对象等。

在图层调板中通过缩略图可以很方便地查看、定位对象，但是它会占用一些系统内存，进而影响计算机的工作速度，所以如果不必要时，可适当取消一些选项，以提高工作性能。

# 03　使用蒙版

蒙版是一种高级的图形选择和处理技术，当用户需要改变图形对象某个区域的颜色，或者要对该区域单独应用滤镜或其他效果时，可以使用蒙版来分离或保护其余的部分。当然，用户也可以在进行复杂的图形编辑时使用蒙版。

而被蒙版的对象可以是在 Illustrator 中直接绘制的，也可以是从其他应用程序中导入的矢量图或位图文件。在"预览"视图模式下，在蒙版以外的部分不会显示，并且不会打印出来；而在"线框"视图模式下，所有对象的轮廓线都会显示出来。

通常在页面上绘制的路径都可生成蒙版，可以是各种形状的开放或闭合路径、复合路径或者文本对象，或者是经过各种变换后的图形对象。

在创建蒙版时，可以使用【对象】菜单中的命令或者【图层】调板来创建透明的蒙版，也可以使用【透明】调板创建半透明的蒙版。

### 1. 透明蒙版

将一个对象创建为透明的蒙版后，该对象的内部就会变得完全透明，这样就可以显示下面的被蒙版对象，同时可以挡住不需要显示或打印的部分。

1)　创建与释放蒙版

执行【对象】→【剪切蒙版】→【建立】命令，可以将一个单一的路径或复合路径创建为透明的蒙版，以修剪被蒙版图形的部分内容，并只显示蒙版区域内的内容。

当一个对象被定义成蒙版后，就会在被蒙版的图形或位图图像上修剪出该对象的形状，并且可以进行各种变换，如旋转、扭曲等等，这样就可控制被蒙版对象的显示情况。

> **提 示**
>
> 在创建蒙版前，要确保要创建为蒙版的对象处于所有图形对象的最上方，必要时可执行【排列】→【置于顶层】命令，将对象放置到最上方。

当完成蒙版的创建后，还可以为它应用填充或轮廓线填充，操作时使用【直接选择工具】选中蒙版对象，这时可利用工具箱中的填充或轮廓线填充工具，或使用【颜色】调板对蒙版进行填充，但是只有轮廓线填充是可见的，而对象的内部填充会被隐藏到被蒙版对象的下方。图 8-49 是移动被蒙版对象后显示的填充效果。

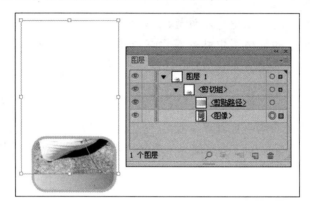

图 8-49

要对蒙版进行变换，只需用【直接选择工具】选中蒙版，然后再使用各种变换工作对其进行适当的变形，如图 8-50 所示。

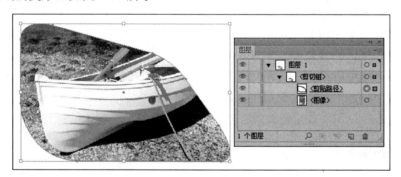

图 8-50

要撤销蒙版效果，恢复对象原来的属性时，可使用直接选择工具或拖动产生一个选择框选中蒙版对象，然后执行【对象】→【剪切蒙版】→【释放】命令。如果是在图层调板中操作，可先选择包含蒙版的图层或群组，再执行调板菜单中的【释放蒙版】命令，或者单击调板底部的【创建/释放蒙版】按钮。另外，也可以选择蒙版对象并右击，在弹出的快捷菜单中执行【释放蒙版】命令，或者按 Alt+Ctrl+7 组合键。

2) 编辑蒙版

完成蒙版的创建，或者打开一个已应用蒙版的文件后，还可以对其进行一些编辑，如查看、选择蒙版或增加、减少蒙版区域等。

当查看一个对象是否为蒙版时，可在页面上选择该对象，然后执行【窗口】→【图层】命令，打开【图层】调板，并单击右上角的三角按钮，执行调板菜单中的【定位对象】命令。当蒙版为一个路径时，它的名称下会出现一条下划线；而蒙版为一个群组时，其名称下会出现像虚线一样的分隔符。

当选择蒙版时，可执行【选择】→【对象】→【剪切蒙版】命令，以查找和选择文件中应用的所有蒙版，如果页面上有非蒙版对象处于选定状态时，将取消其选择；如果要选择被蒙版图形中的对象时，可使用【编组选择工具】，单击选择单个的对象，连续单击可相应地选择被蒙版图形中的其他对象。

**知 识**

除了可以用普通的路径、复合路径或者群组创建透明蒙版外，还可以用文本对象创建透明蒙版，如图 8-51 所示。其方法与上面所说的步骤是一样的，即先用文本工具键入所需要的文字，并使其处于最前面，然后同时选中文本对象和被蒙版的图形，执行【对象】→【剪切蒙版】→【建立】命令，或右击所选对象，在弹出的快捷菜单中执行【建立】命令，或者按 Ctrl+7 组合键。

图 8-51

**提 示**

由于位图图像文件颜色丰富，生动自然，用户可以根据需要导入位图文件来作为被蒙版的对象，这样可以创建各种特殊的效果。

要向被蒙版图形中添加一个对象时，可以先将其选中，并拖动到蒙版的前面，然后执行【编辑】→【粘贴】命令，再使用直接选择工具选中蒙版图形中的对象，这时执行【编辑】→【贴在前面】或者【编辑】→【贴在后面】命令，那么该对象就会被相应地粘贴到被蒙版图形的前面或后面，并成为图形的一部分，如图 8-52 所示。

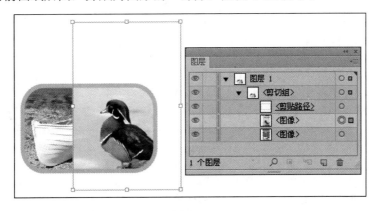

图 8-52

如果要在被蒙版图形中删除一个对象时，可使用直接选择工具选中该对象，然后执行【编辑】→【删除】命令即可；如果是在【图层】调板中，可选中该项目，再单击调板底部的删除选项按钮，这时就会全部显示被蒙版的图形。

---

**知 识**

在【图层】调板中创建蒙版时，要注意以下几个问题：

● 蒙版和被蒙版的图形对象必须处于相同的图层或群组中。

● 在调板中处于最高层级的父图层不能应用蒙版，但是可以在其包含的子图层或其他项目中应用。

● 无论当前所选定对象的填充或轮廓线属性如何，当定义为蒙版后，它都会转换为无填充或轮廓线填充的对象。

---

### 2. 不透明蒙版

除了完全透明的蒙版，用户也可在【透明度】调板中创建不透明的蒙版，如果一个对象应用了图案或渐变填充，当它作为蒙版后，其填充依然是可见的，利用它的这种特性，可以隐藏被蒙版图形的部分亮度。

当创建一个不透明的蒙版时，至少要选择两个对象或群组，由于 Illustrator 会将选定的最上面的对象作为蒙版，所以在创建之前，要调整好各对象之间的顺序。然后执行【窗口】→【透明度】命令，启用【透明度】调板，并单击调板右上角的三角按钮，在弹出的调板菜单中选择【创建不透明蒙版】命令。

或者直接在页面上选择一个对象或群组，这时在【透明度】调板中会出现该对象的缩略图，双击其右侧的空白处，就会创建一个空白的蒙版，并自动进入蒙版编辑模式，这时再使用绘制工具创建要作为蒙版的对象。图 8-53 是用两个对象创建的不透明蒙版。

图 8-53

---

**提 示**

在创建不透明蒙版的过程中，如果需要对蒙版的对象进行编辑，可以按下 Alt 键，再单击【透明度】调板中的蒙版图形缩略图，这时只有蒙版对象在文档窗口中显示。

在默认状态下，蒙版和被蒙版图形是链接在一起的，它们可作为一个整体移动，单击两个缩略图之间的链接标志，或者执行调板菜单中的【解除不透明蒙版的链接】命令，将会解除链接，这时它们就可以通过直接选择工具进行移动，并可编辑被蒙版的图形；再次单击该标志，或者执行调板菜单中的【链接不透明蒙版】命令，它们又会重新链接。

**知识**

选中【透明度】调板中的【剪切】复选框会使蒙版不透明，而使被蒙版图形完全透明，如图 8-54 所示。

图 8-54

如果需要对蒙版进行一些编辑，在【透明度】调板上单击蒙版缩略图，就可以进入蒙版编辑模式，用户可使用各种工具对其进行修改，改变后的外观会显示在调板的缩略图中，编辑好之后，单击左侧的被蒙版图形的缩略图即可退出编辑模式，图 8-55 是对蒙版进行修改之后的效果。

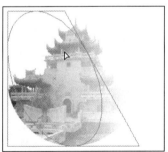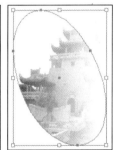

图 8-55

要释放不透明蒙版，可执行调板菜单中的【释放不透明蒙版】命令，这时被蒙版的图形将会显示。

执行调板菜单中的【停用不透明蒙版】命令，可以取消蒙版效果，但不删除该对象，这时一个红色的 X 标志将出现在右侧的缩略图上，而选择【启用不透明蒙版】命令即可恢复。

知 识

选中【透明度】调板中的【反向蒙版】复选框会反转蒙版区域内的亮度值，如图 8-56 所示。

图 8-56

## 04　应用封套

封套为改变对象形状提供了一种简单有效的方法，允许通过用鼠标移动节点来改变对象的形状。可以利用页面上的对象来制作封套，或使用预设的变形形状或网格作为封套。除图表、参考线或链接对象以外，可以在任意对象上使用封套。

选择封套对象，然后单击【控制】调板中的【封套选项】[图]按钮，或者选择【对象】→【封套扭曲】→【封套选项】命令，打开【封套选项】对话框，如图 8-57 所示，可以设置封套选项。

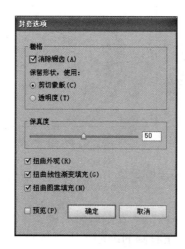

图 8-57

知 识

【封套选项】对话框中的各选项介绍如下。

- 消除锯齿：在用封套扭曲对象时，可使用此选项来防止锯齿的产生，保持图形的清晰度。
- 剪切蒙版：当对位图应用非矩形封套后，在【封套选项】对话框中选中【剪切蒙版】选项，再执行【对象】→【封套扭曲】→【扩展】命令后，变为一个由剪切蒙版控制的位图图像。
- 透明度：当对位图应用非矩形封套后，在【封套选项】对话框中选中【透明度】选项，再执行【对象】→【封套扭曲】→【扩展】命令后，位图不规则的边缘将变为透明。
- 保真度：指定使对象适合封套图形的精确程度。
- 扭曲外观：将对象的形状与其外观属性一起扭曲，如已应用的效果或图形样式。
- 扭曲线性渐变：将对象的形状与其线性渐变一起扭曲。
- 扭曲图案填充：将对象的形状与其图案属性一起扭曲。

### 1. 创建封套

1) 使用预设的形状创建封套

选中对象，选择【对象】→【封套扭曲】→【用变形建立】命令，弹出【变形选项】对话框，在【样式】下拉列表框中提供了 15 种封套类型。拖动【弯曲】选项滑块设置对象的弯曲程度，拖动【扭曲】选项组中的滑块设置应用封套类型在水平或垂直方向上的比例，选中【预览】复选框，预览设置好的封套效果，单击【确定】按钮，即可为对象应用封套，如图 8-58 所示。

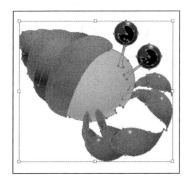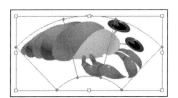

图 8-58

2) 使用网格创建封套

选中对象，选择【对象】→【封套扭曲】→【用网格建立】命令，弹出【封套网格】对话框。在【行数】和【列数】微调框中输入网格的行数和列数；单击【确定】按钮。选择【网格工具】，单击网格封套对象，可增加对象上的网格数；按住 Alt 键单击，可减少对象上的网格数；用【网格工具】拖动网格点可以改变对象的形状。网格封套效果如图 8-59 所示。

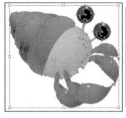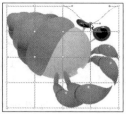

图 8-59

## 2. 编辑封套

### 1) 编辑封套形状

选取一个含有对象的封套，选择【对象】→【封套扭曲】→【用变形重置】或【用网格重置】命令，弹出【变形选项】或【重置封套网格】对话框，根据需要重新设置封套类型和参数，如图 8-60 所示。

图 8-60

### 2) 编辑封套内的对象

选取一个含有对象的封套，选择【对象】→【封套扭曲】→【编辑内容】命令，对象将会显示原来的选择框，此时即可编辑封套内的对象，如图 8-61 所示。

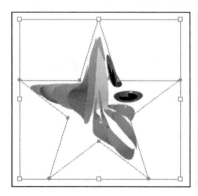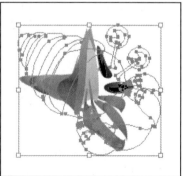

图 8-61

---

**知 识**

使用【直接选择工具】 或【网格工具】 可以拖动封套上的节点编辑封套形状，也可以使用【变形工具】 对封套进行扭曲变形，如图 8-62 所示。

图 8-62

## 05　混合效果

使用【混合】命令可以混合线条、路径、颜色和图形，还可以同时混合颜色和线条或颜色和图形，从而制作出许多美妙的光滑过渡效果。

### 1. 制作混合图形

选取要进行混合的对象，选择【对象】→【混合】→【建立】命令，即可制作出混合效果。

或者选择【混合工具】，单击要混合的起始对象，把鼠标指针移动到另一个要混合的图形上单击，将其设置为目标图形，即可绘制出混合效果，如图 8-63 所示。

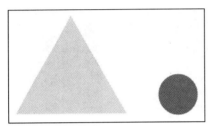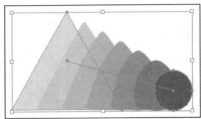

图 8-63

> **提示**
>
> 选择【混合工具】，用鼠标单击第一个对象，再依次单击每个对象，可以制作多个对象的混合图形。

### 2. 释放混合图形

选中混合对象，选择【对象】→【混合】→【释放】命令，可以释放混合对象，如图 8-64 所示。

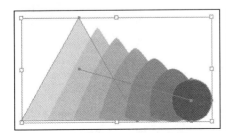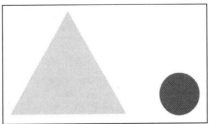

图 8-64

### 3. 设置混合选项

选取要进行混合的对象，双击【混合工具】  或选择【对象】→【混合】→【混合选项】命令，打开【混合选项】对话框，如图 8-65 所示，可以设置混合选项。

图 8-65

在【混合选项】对话框中，【间距】用于控制混合图形之间的过渡样式。在【间距】下拉列表框中选择【平滑颜色】，可以使混合的颜色保持平滑；【指定的步数】选项可以设置混合对象的步骤数，数值越大，所取得的混合效果越平滑；【指定的距离】选项可以设置混合对象间的距离，数值越小，所取得的混合效果越平滑。其设置效果如图 8-66 所示。

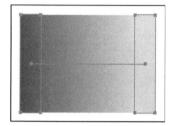 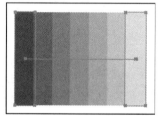 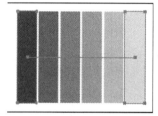

图 8-66

【取向】：可以控制混合图形的方向，【对齐页面】选项 可以使混合效果中的每一个中间混合对象的方向垂直于页面的 X 轴，【对齐路径】选项 可以使混合效果中的每一个中间混合对象的方向垂直于路径，效果如图 8-67 所示。

 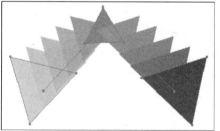

图 8-67

---

**知 识**

如果想更改混合图形的走向，可以同时选取混合图形和视图中创建的一条路径，然后选择【对象】→【混合】→【替换混合轴】命令，使混合图形沿着创建的路径变化，参见图 8-68 中中间显示的路径。

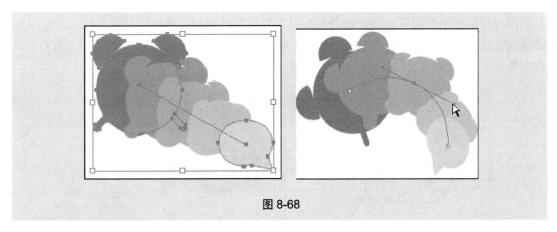

图 8-68

### 4. 编辑混合图形

当选择的图形进行混合后，就会形成一个整体，这个整体是由原混合对象以及对象之间的路径组成的。

选取混合对象，选择【对象】→【混合】→【反向混合轴】命令，混合图形的上下顺序将被改变，如图 8-69 所示。

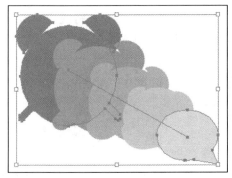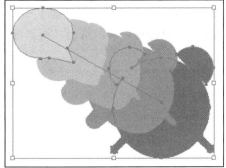

图 8-69

选取混合对象，选择【对象】→【混合】→【反向堆叠】命令，混合图形的上下顺序将被改变，如图 8-70 所示。

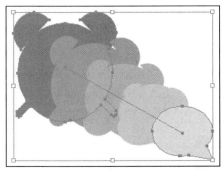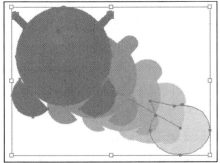

图 8-70

混合得到的混合图形由混合路径相连接，自动创建的混合路径默认是直线，可以编辑这条混合路径，得到更丰富的混合效果。在制作混合效果时，利用【混合工具】单击混合对象中的不同锚点，可以制作出许多不同的混合效果，如图 8-71 所示。

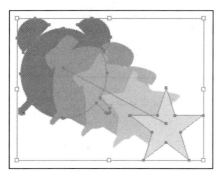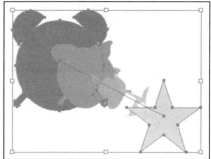

图 8-71

### 5. 解散混合图形

在页面中创建混合效果之后，利用任何选择工具都不能选择混合图形中间的过渡图形，如果想对混合图形中的过渡图形进行编辑则需要将混合图形解散。

首先选取混合图形，选择【对象】→【混合】→【扩展】命令，将混合图形解散后，按 Ctrl+Shift+G 组合键可解散群组，得到许多独立的图形，如图 8-72 所示。

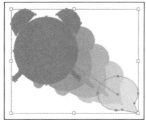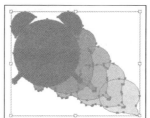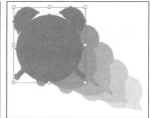

图 8-72

## 06 动作和批处理

动作就是对单个文件或一批文件回放一系列命令，大多数命令和工具的操作都可以记录在动作中，动作是快捷批处理的基础，快捷批处理就是自动处理默认的或已录制好的动作。

用户可进行下列有关动作的编辑，如重新排列动作或在一个动作内重新整理命令及其运行顺序；使用对话框为动作录制新的命令或参数；更改动作选项，如动作名称、按钮颜色以及快捷键等；复制、删除动作和命令。

### 1. 认识【动作】调板

在【动作】调板中可以录制、播放、编辑和删除动作，或者保存、加载或替换动作组。

执行【窗口】→【动作】命令，即可打开【动作】调板。单击调板右上角的三角按钮，在弹出的调板菜单中选择【按钮模式】命令，即可切换到按钮模式下，这时不能展开或折叠命令集和各项命令，图 8-73 是默认显示模式下的【动作】调板。

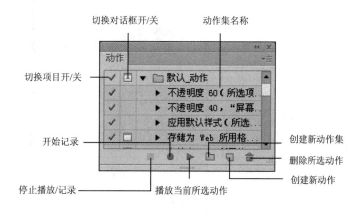

图 8-73

【动作】调板中的组件介绍如下。

- 动作集名称：指默认情况下的动作集名称，在该默认文件夹下包含了多个可执行的动作组，单击名称前的三角按钮，就可显示其下面的动作集合。
- 切换对话框开/关：该标志用于指定在录制或播放动作的过程中是否显示该动作设置参数的对话框。默认情况下会显示这个标志，即在录制或播放的过程中打开相应的动作设置对话框；如果取消该标志，将以各动作的默认值来播放动作，而不会出现其对话框。
- 切换项目开/关：在动作集名称以及展开的动作名称前都有一个"√"标志，单击该标志，可以控制动作的执行。显示"√"则表示可执行；不显示"√"则表示不能执行。
- 【停止播放/记录】 按钮：单击该按钮可以停止正在播放或录制的动作。
- 【开始记录】 按钮：单击该按钮就可以开始记录新的动作。
- 【播放当前所选动作】 按钮：单击该按钮可以从当前所选择的动作向下播放动作组中的所有命令。
- 【创建新动作集】 按钮：单击该按钮可以创建一个新的动作集合。
- 【创建新动作】 按钮：单击该按钮可以创建新的动作。
- 【删除所选动作】 按钮：当选择需要删除的动作或集合后，单击该按钮可将其从调板中删除。

## 2. 创建、录制与播放动作

选择【窗口】|【动作】命令，打开【动作】调板，单击【动作】调板中的【创建新动作集】按钮 ，弹出【新建动作集】对话框，如图 8-74 左图所示，输入动作集的名称并

确定，即可新建动作集。单击【创建新动作】按钮 ，在弹出的【新建动作】对话框中输入动作的名称，在【动作集】下拉列表框中选择动作所在的动作集，在【功能键】下拉列表框中选择动作执行的快捷键，在【颜色】下拉列表框中可以为动作选择颜色，如图 8-74右图所示。

图 8-74

单击【记录】按钮开始记录动作，此时【动作】调板底部的【开始记录】按钮 ● 变为红色。在记录动作时，如果弹出对话框，在对话框中单击【确定】按钮，将记录对话框动作；如果在对话框内单击【取消】按钮，则不会记录这些动作。选中一个动作，单击调板底部的【播放当前所选动作】按钮 ▶ ，或者从调板菜单中选择【播放】命令，即可播放该动作。

### 3. 编辑动作

如果要调整动作的位置，如移动一个动作到不同的动作集，可在调板中直接拖动，这时会出现一条高亮显示的线，到合适位置时，再松开鼠标按键，也可以在同一个动作内更改各命令的位置。

当需要复制一个动作集或单独的动作时，可执行调板菜单中的【复制】命令，也可按下鼠标左键拖动一个动作集或动作到【创建新动作集】 或【创建新动作】 按钮上，即可复制相应的内容。

如果需要删除某个动作，可先选择，然后执行调板菜单中的【删除】命令，而【清除动作】命令则可删除当前文件中所有的动作。

技巧

如果要为一个动作集或动作重新命名，或者更改其他设置，可在调板中双击该项目的名称，打开相应的对话框，在其中重新设置后，单击【确定】按钮即可。

利用调板菜单中所提供的部分命令也可以对动作进行再编辑，单击调板右上角的三角按钮，即可弹出该调板的选项菜单。

● 再次记录：执行【再次记录】命令即可重新开始记录动作。

- 存储动作：如果要保存所创建的动作，可执行【存储动作】命令，打开【保存】对话框，在其中指定该动作的名称和位置后，单击【保存】按钮。默认情况下，该动作集会保存在 Illustrator 的 Actions Sets 文件夹下。

- 替换动作：如果要替换所有的动作，可执行【替换动作】命令，在打开的【替换动作】对话框中查找和选择一个文件的名称，然后单击【打开】按钮。

- 插入菜单项：当选择一个动作后，执行调板菜单中的【插入菜单项】命令，即可打开该对话框，如图 8-75 所示。

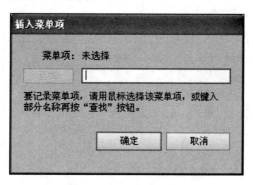

图 8-75

知识

通过【插入菜单项】对话框，可以在选定的动作名称前插入一个新的动作集，也可在文本框内输入所要使用的动作名称，Illustrator 就会自动开始查找。

- 插入停止：在动作中，可以根据需要在其中加入一些人为的停顿，以更好地控制动作的记录与播放。选择要在其下插入停止的动作或命令，然后执行调板菜单中的【插入停止】命令，即可打开【插入停止】对话框，如图 8-76 所示。在【记录停止】对话框中的【信息】列表框内输入停止时所要显示的信息，当选中【允许继续】复选框后，命令可继续进行，完成设置后，单击【确定】按钮。

图 8-76

- 插入选择路径：在记录动作时，也可以记录一个路径来作为动作的一部分，即操作时选择一个路径，然后执行调板菜单中的【插入选择路径】命令。

### 4. 批处理

批处理就是将一个指定的动作应用于某个文件夹下的所有图形，方法是在【动作】调板弹出菜单中选择【批处理】命令，打开【批处理】对话框，如图 8-77 所示，从中选择动作和动作所在的序列。

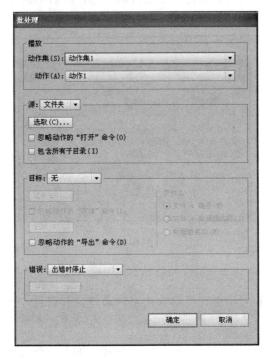

图 8-77

> 知 识
>
> 【批处理】对话框中的各选项介绍如下。
> 在【动作集】下拉列表框内选择要执行的序列。
> 在【动作】下拉列表框内选择要执行的动作。
> 在【源】选项组中设置源文件的位置。选择【文件夹】选项命令可以单击【选取】按钮指定一个文件夹作为源文件的来源。
> 在【目标】选项组中选择【无】选项可以保持文件打开而不存储更改；选择【存储并关闭】选项可以在其当前位置存储和关闭文件；选择【文件夹】选项可以将文件存储到其他位置。

> 知 识
>
> 使用【批处理】命令存储文件时，总是将文件以原来的文件格式存储。要创建以新格式存储文件的批处理，需记录【存储为】或【存储副本】命令，然后在设置批处理时，在【目标】下拉列表框中选择【无】选项。

# 独立实践任务　1 课时

## 设计制作包装

### 任务背景

孙盛源食品公司近期推出一款山东特产风干鸡，深受广大消费者的欢迎，为扩大市场向超市供货，委托本公司为该产品设计一款手提袋。

### 任务要求

手提袋的尺寸为 290mm×80mm×500mm，用产品图像作为手提袋的主题图像，突出产品的历史文化。

### 任务分析

运用土黄色作为背景，与传统黄色纸张包装的历史文化相结合，产品名称也使用毛笔字，展现古色古香的特产韵味。

### 任务参考效果图

# 习　　题

(1) 单击【图层】调板中的_____按钮，可隐藏该图层。

  A．锁定         B．三角折叠

  C．眼睛         D．新建图层

(2) 删除图层时需选中图层，然后单击_____按钮。

A. 删除所选图层　　　　　　　　　B. 定位对象

C. 创建新图层　　　　　　　　　　D. 创建新子图层

(3) 为每个图层指定一个颜色，可以_____。

A. 改变对象的颜色　　　　　　　　B. 在页面上区分出各个图层

C. 改变所选对象的颜色　　　　　　D. 改变所选对象的轮廓色

(4) 使用蒙版可以_____和_____。

A. 改变图形对象某个区域的颜色　　B. 改变图形的轮廓

C. 修剪对象　　　　　　　　　　　D. 创建半透明的颜色效果。

(5) 将一个对象设置为透明蒙版后，则该对象的内部变为_____。

A. 完全不透明　　　　　　　　　　B. 黑色

C. 完全透明　　　　　　　　　　　D. 白色

(6) 添加蒙版的对象，除了普通的路径、复合路径或者群组外，还可以是_____和_____。

A. 图形内部填充　　　　　　　　　B. 文本对象

C. 图像　　　　　　　　　　　　　D. 轮廓线填充

(7) 使用封套可以_____。

A. 改变对象的颜色　　　　　　　　B. 改变对象的形状

C. 改变对象的轮廓线属性　　　　　D. 为对象添加图案填充

(8) 【混合选项】对话框中的【间距】下拉列表框中包含_____、_____和_____选项。

A. 平滑颜色　　　　　　　　　　　B. 指定的步数

C. 指定的距离　　　　　　　　　　D. 取向

# 模块 09　设计与制作小图标
## ——3D 功能和滤镜效果

**能力目标**

1. 学会应用滤镜制作特效
2. 学会自己设计制作小图标

**软件知识目标**

1. 掌握滤镜的用法
2. 掌握效果的用法
3. 掌握创建 3D 图形的方法

**专业知识目标**

1. 图标的专业知识
2. 创建 3D 图形
3. 模糊滤镜的应用
4. 风格化滤镜的应用

**课时安排**

2 课时(讲 1 课时，实践 1 课时)——(完成模拟制作任务和掌握入门知识 1 课时，完成独立实践任务 1 课时)

# 模拟制作任务　1 课时

## 设计制作小图标

### 任务背景

某电子运营商开发了一款以宠物为主题的手机游戏，为更好地向消费者进行宣传，委托本公司为该网站设计一款桌面图标。

### 任务要求

图标虽小但细节要考究，设计画面要求温馨浪漫、层次丰富、主题分明，体现动物的萌动可爱。

### 任务分析

由于该游戏网站是以宠物为主题，所以选取萌小猫作为图标的主题图案来进行绘制，猫咪是比较灵动的宠物，所以在绘制的时候不能太死板，可以通过应用软件中的滤镜效果，制作出猫咪毛茸茸的皮毛，使图标看上去更有质感和立体感。

**本案例的难点**

绒毛的制作是本案例的难点。首先用椭圆工具绘制正圆作为萌猫的脸，然后为图形添加点状化滤镜和高斯模糊滤镜，最后添加动感模糊滤镜制作出绒毛效果。

**点播和拓展**

图标是具有明确指代含义的计算机图形，其中桌面图标是软件标识，界面中的图标是功能标识。图标分为广义和狭义两种：广义的图标是指具有指代意义的图形符号，具有高度浓缩并快捷传达信息、便于记忆的特性。应用范围很广，软硬件、网页、社交场所、公共场合无所不在，例如：男女厕所标志和各种交通标志等。狭义的图标应用于计算机软件方面，包括程序标识、数据标识、命令选择、模式信号或切换开关、状态指示等。

一个图标是一个小的图片或对象，代表一个文件、程序、网页或命令。图标有助于用户快速执行命令和打开程序文件。单击或双击图标可以执行一个命令。所有使用相同扩展名的文件具有相同的图标。

**任务参考效果图**

# 操作步骤详解

### 1. 创建猫咪的头部

(1) 执行【文件】→【新建】命令，创建一个新文件，如图 9-1 所示。

(2) 使用【矩形工具】▣绘制一个与页面大小相同的矩形，参照图 9-2 所示，在【渐变】调板中设置渐变颜色，并使用【渐变工具】▣调整渐变中心点的位置，取消轮廓色。

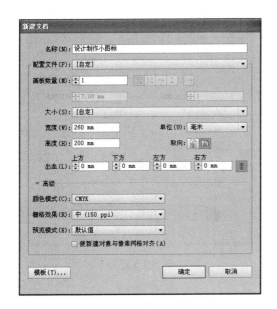

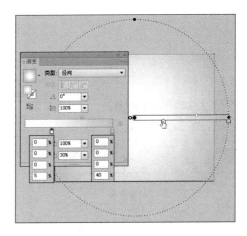

图 9-1

图 9-2

(3) 使用【椭圆工具】 配合键盘上的 Shift 键绘制正圆，参照图 9-3 所示，设置填充色并取消轮廓色。

(4) 选中正圆图形，执行【效果】→【像素化】→【点状化】命令，参照图 9-4 所示，在弹出的【点状化】对话框中进行设置，然后单击【确定】按钮，应用滤镜效果。

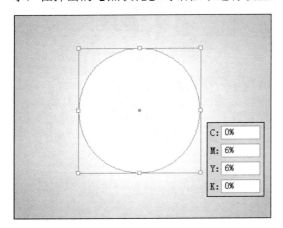

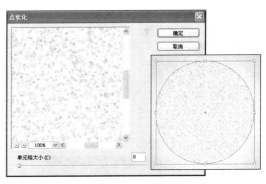

图 9-3

图 9-4

(5) 继续执行【效果】→【模糊】→【高斯模糊】命令，如图 9-5 所示。

(6) 继续执行【效果】→【模糊】→【径向模糊】命令，如图 9-6 所示。

(7) 继续使用【椭圆工具】 绘制正圆，如图 9-7 所示。

(8) 使用【直接选择工具】 调整正圆的形状，并在【透明度】调板中设置图层的混合模式，如图 9-8 所示。

(9) 选中上一步创建的图形，然后执行【滤镜】→【模糊】→【高斯模糊】命令，模糊图形，如图 9-9 所示。

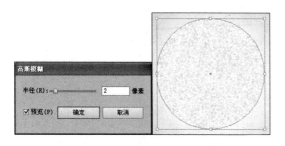

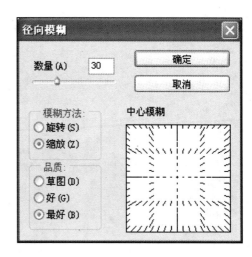

图 9-5

图 9-6

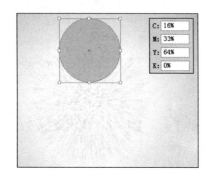

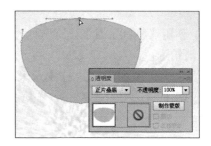

图 9-7

图 9-8

(10) 复制上一步创建的图形，并参照图 9-10 所示，调整图形的形状。

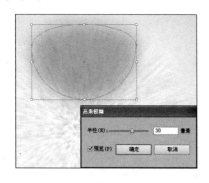

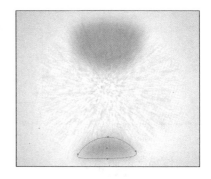

图 9-9

图 9-10

## 2. 制作猫咪的耳朵

(1) 使用【钢笔工具】绘制猫咪的耳朵，如图 9-11 所示。

(2) 依次执行【效果】→【像素化】→【点状化】命令、【效果】→【模糊】→【高斯模糊】命令、【效果】→【模糊】→【径向模糊】命令，参照图 9-12 所示，分别对其参数进行设置。

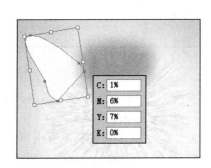

图 9-11

图 9-12

(3) 复制上一步创建的图形，使用快捷键 Ctrl+[调整图层的顺序，并更改图形的颜色，如图 9-13 所示。

(4) 调整猫咪耳朵图形到猫咪头部图形的下方，复制猫咪的耳朵，并水平翻转图形，如图 9-14 所示，最后使用快捷键 Ctrl+G 将猫咪的耳朵进行编组。

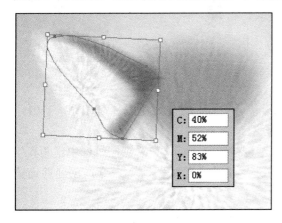

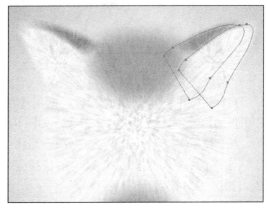

图 9-13

图 9-14

### 3. 制作猫咪的眼睛

(1) 使用【椭圆工具】 绘制椭圆，并使用【直接选择工具】 调整节点的位置，然后在【渐变】调板中设置渐变颜色，创建出眼眶图形，如图 9-15 所示。

(2) 执行【效果】→【风格化】→【内发光】命令，参照图 9-16 所示，在弹出的【内发光】对话框中设置参数，然后单击【确定】按钮应用该效果。

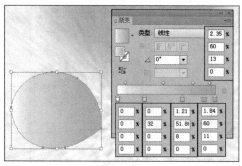 

图 9-15

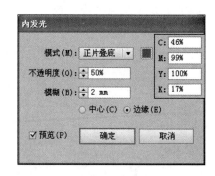

图 9-16

(3) 继续执行【效果】→【风格化】→【投影】命令，参照图 9-17 所示，在弹出的【投影】对话框中设置参数，然后单击【确定】按钮，应用该效果。

(4) 复制并缩小上一步创建的图形，设置填充色为白色，在【外观】调板中删除【投影】效果，并更改【内发光】的颜色为紫红色(C:46，M:100，Y:58，K:5)，如图 9-18 所示。

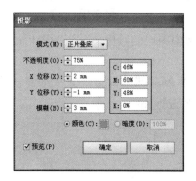

图 9-17

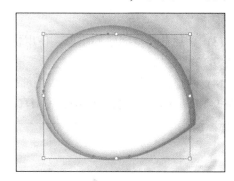

图 9-18

(5) 复制上一步创建的图形，使用【椭圆工具】 绘制橘黄色(C:3，M:46，Y:91，K:0)正圆，并为其添加内发光效果，如图 9-19 所示。

(6) 使用快捷键 Ctrl+[将正圆图形后移一层，配合键盘上的 Shift 键同时选中正圆和位于它上面的图形，右击并在弹出的快捷菜单中选择【建立剪切蒙版】命令，创建剪切蒙版，如图 9-20 所示。

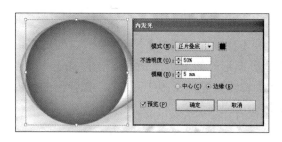

图 9-19

图 9-20

(7) 打开本章素材"特殊纸张 01.jpg"文件，将其拖至当前正在编辑的文档中，参照图 9-21 所示，调整图像的大小及图层顺序，并在【透明度】调板中设置图层的混合模式为【颜色加深】。

(8) 继续添加素材"特殊纸张 02.jpg"文件，参照图 9-22 所示，调整图像的大小及图层顺序，并在【透明度】调板中设置图层的混合模式为【颜色加深】。

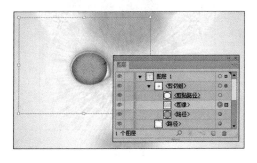

图 9-21

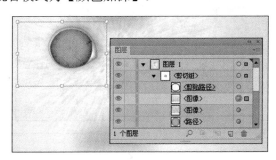

图 9-22

(9) 使用【椭圆工具】绘制正圆，并对图形进行模糊，如图 9-23 所示。

(10) 在【透明度】调板中设置上一步创建的图层的混合模式为【颜色减淡】，参照图 9-24 所示，继续绘制正圆图形作为猫咪的眼珠。

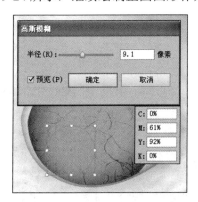

图 9-23

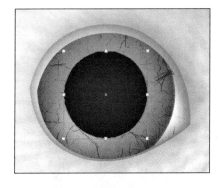

图 9-24

(11) 使用【钢笔工具】创建月牙图形，设置填充色为白色，并在【透明度】调板中设置【不透明度】参数为 30%，如图 9-25 所示。

(12) 继续为上一步创建的图形添加高斯模糊效果，如图 9-26 所示。

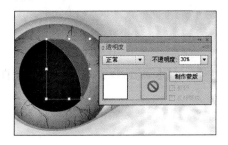

图 9-25

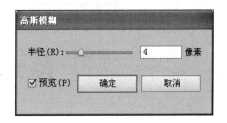

图 9-26

(13) 参照图 9-27 所示，使用【钢笔工具】绘制不规则图形，并为其添加高斯模糊特效。

(14) 复制上一步创建的图层并调整其位置，如图 9-28 所示。

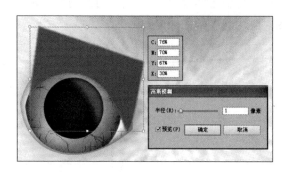

图 9-27

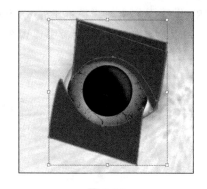

图 9-28

(15) 在【透明度】调板中更改上一步图层的混合模式为"叠加"，绘制正圆图形，并为其添加与眼眶相同的渐变效果，如图 9-29 所示。

(16) 参照图 9-30 所示，调整图层的顺序，并对眼睛图形进行编组，绘制白色正圆并为其添加高斯模糊特效作为眼睛上的高光。

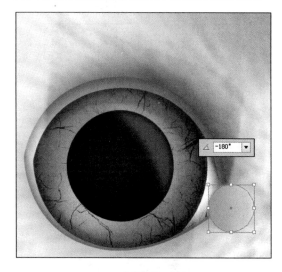

图 9-29

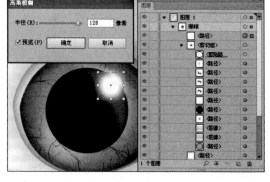

图 9-30

(17) 复制并水平翻转眼睛图形，如图 9-31 所示。

### 4．制作猫咪的鼻子

(1) 复制前面创建的猫咪眼眶图形，执行【对象】→【扩展外观】命令，并取消图形的编组，得到分离的投影图形，如图 9-32 所示。

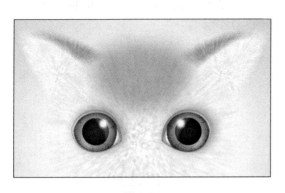
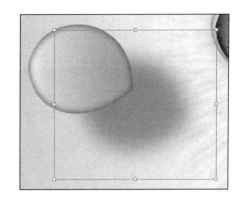

图 9-31　　　　　　　　　　　　　　　　　图 9-32

(2) 复制并缩小上一步创建的图形，调整图形的位置创建出局部的阴影效果，如图 9-33 所示。

(3) 参照图 9-34 所示，使用【钢笔工具】绘制猫咪的鼻子。

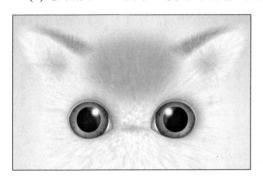
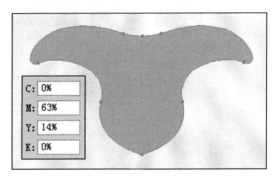

图 9-33　　　　　　　　　　　　　　　　　图 9-34

(4) 执行【效果】→【风格化】→【内发光】命令，参照图 9-35 所示，在弹出的【内发光】对话框中进行设置，然后单击【确定】按钮，创建内发光效果。

(5) 执行【效果】→【风格化】→【投影】命令，参照图 9-36 所示，在弹出的【投影】对话框中进行设置，然后单击【确定】按钮，创建投影效果。

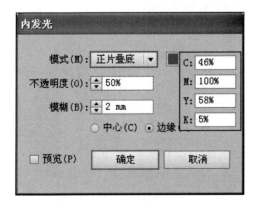

图 9-35　　　　　　　　　　　　　　　　　图 9-36

231

(6) 使用【钢笔工具】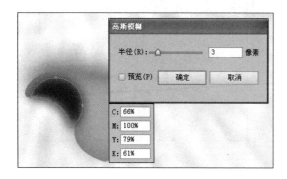绘制月牙形，并为其添加高斯模糊特效，如图 9-37 所示。

(7) 复制并垂直镜像上一步创建的图形，如图 9-38 所示。

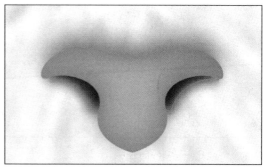

图 9-37                                                图 9-38

(8) 使用【矩形工具】▣绘制正方形并将其旋转 45°，参照图 9-39 所示，在【渐变】调板中设置渐变颜色。

(9) 继续使用【钢笔工具】绘制鼻梁，参照图 9-40 所示，在【渐变】调板中设置渐变颜色。

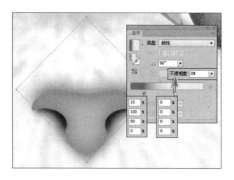
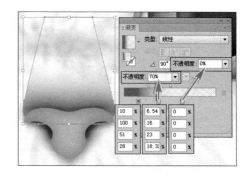

图 9-39                                                图 9-40

### 5. 制作猫咪的嘴巴

(1) 参照图 9-41 所示，使用【钢笔工具】绘制猫咪的嘴巴。

(2) 使用【椭圆工具】绘制正圆，参照图 9-42 所示，在【渐变】调板中设置渐变色。

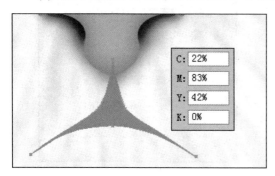
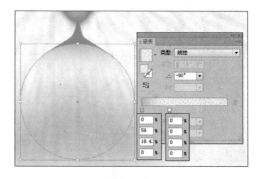

图 9-41                                                图 9-42

(3) 复制上一步创建的图形和猫咪的嘴巴，并创建剪切蒙版，如图 9-43 所示，然后使用【椭圆工具】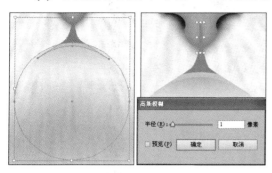优化嘴巴。

(4) 继续使用【椭圆工具】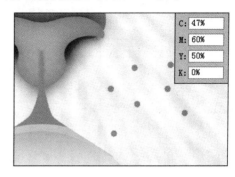绘制正圆，并将其进行编组，如图 9-44 所示。

图 9-43　　　　　　　　　　　　　　图 9-44

(5) 将上一步创建的图形高斯模糊 3 像素，然后使用【钢笔工具】绘制胡须，如图 9-45 所示。

(6) 打开本章素材"蝴蝶结.ai"文件，将其拖至当前正在编辑的文档中，参照图 9-46 所示，调整图形的大小及位置。

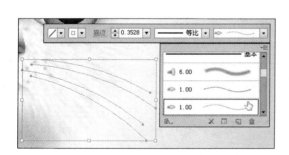

图 9-45　　　　　　　　　　　　　　图 9-46

(7) 继续使用【钢笔工具】绘制猫咪的爪子，使用前面介绍的方法创建绒毛效果，如图 9-47 所示。

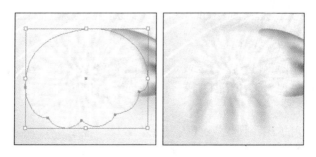

图 9-47

## 6. 制作 3D 图形

(1) 使用【圆角矩形工具】配合键盘上的 Shift 键绘制圆角矩形，并利用图形的修剪创建镂空的圆角矩形，如图 9-48 所示。

图 9-48

(2) 打开本章素材"木纹.jpg"文件，将其拖至当前正在编辑的文档中，单击【符号】调板底部的【新建符号】按钮 ，将图像定义为符号，如图 9-49 所示。

(3) 执行【效果】→3D→【凸出和斜角】命令，参照图 9-50 所示，在弹出的【3D 凸出和斜角选项】对话框中进行设置。

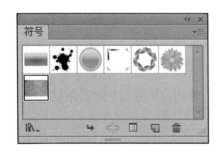

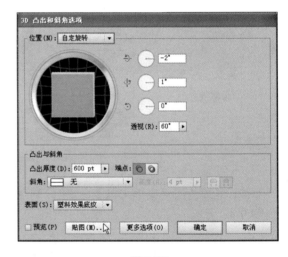

图 9-49                                    图 9-50

(4) 单击【3D 凸出和斜角选项】对话框中的【贴图】按钮，参照图 9-51 所示在弹出的【贴图】对话框中分别为 1/18 和 11/18～18/18 面进行贴图，然后单击【确定】按钮，应用 3D 效果。

(5) 为上一步创建的 3D 图形添加【内发光】效果，如图 9-52 所示。

(6) 继续使用【圆角矩形工具】 绘制矩形，并在【渐变】调板中为其设置渐变色，如图 9-53 所示，在【透明度】调板中设置混合模式为【正片叠底】。

(7) 继续创建镂空的圆角矩形，参照图 9-54 所示，在【渐变】调板中设置渐变颜色，并为其进行 5 像素的高斯模糊。

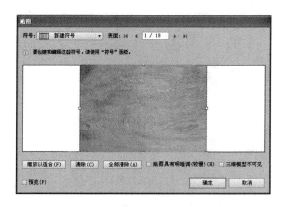

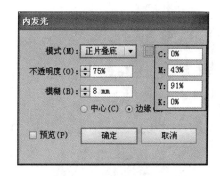

图 9-51　　　　　　　　　　　　　　　　　　　图 9-52

图 9-53　　　　　　　　　　　　　　　　　　　图 9-54

(8) 在【透明度】调板中设置上一步创建的图形的混合模式为【柔光】，如图 9-55 所示。

(9) 继续使用【圆角矩形工具】 绘制矩形，并为其添加高斯模糊特效，如图 9-56 所示。

图 9-55　　　　　　　　　　　　　　　　　　　图 9-56

(10) 使用【椭圆工具】 绘制椭圆，并为其添加高斯模糊特效，如图 9-57 所示。

(11) 调整圆角矩形和椭圆至 3D 图形的后方，完成本实例的制作，效果如图 9-58 所示。

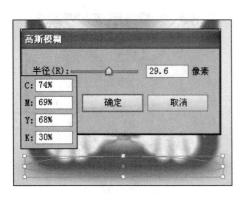

图 9-57

图 9-58

# 知识点扩展

## 01 Illustrator 效果和 Photoshop 效果概述

效果也称之为滤镜，在 Illustrator 中分为"Illustrator 效果"和"Photoshop 效果"，位于【效果】菜单中，可以为矢量图和位图添加特殊效果。

Illustrator 效果主要应用到矢量图形中，它可以改变一个对象的外观。向对象应用了一种效果，【外观】面板中便会列出该效果，从而可以对该效果进行编辑、移动、复制、删除，或将其存储为图形样式的一部分。

Photoshop 效果主要应用到位图图像中，也可以应用到矢量图形中，它可以为对象的表面添加一种纹理。

## 02 为矢量图形添加 Illustrator 效果

要为绘制的矢量图形应用效果，需要选择对应的矢量滤镜组，包括 3D、【路径】、【风格化】等 10 组滤镜，每个滤镜组又包括若干个滤镜。只要用户选择的对象符合执行命令的要求，在弹出的对话框中设置其参数，即可应用相应的效果。下面介绍一些常用的矢量图特殊效果。

### 1. 变形

使用【变形】菜单中的命令，可以为对象添加变形效果，这些命令可以应用于对象、组合和图层中。该菜单下有 15 种不同的变形效果，它们拥有一个相同的设置对话框——【变形选项】对话框，如图 9-59 所示。用户可以在【样式】下拉列表框中选择不同的变形效果，然后改变相关设置即可得到所需的变形效果。

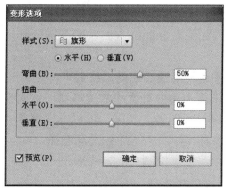

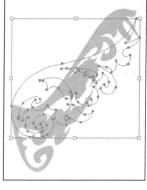

图 9-59

知 识

【变形】效果菜单中的命令与【变形选项】对话框中【样式】下拉列表框中的变形效果是相同的，如图 9-60 所示。

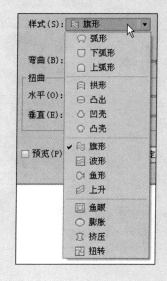

图 9-60

### 2. 扭曲和变换

【扭曲和变换】子菜单包括【变换】、【扭拧】、【扭转】、【收缩和膨胀】、【波纹效果】、【粗糙化】、【自由扭曲】7 个滤镜，可以使图形产生各种扭曲变形的效果。

- **变换**：该滤镜可使对象产生水平缩放、垂直缩放、水平移动、垂直移动、旋转、反转等效果。
- **扭拧**：通过控制【水平】和【垂直】选项控制对象在水平或垂直面上扭曲变换。
- **扭转**：旋转一个对象，中心的旋转程度比边缘的旋转程度大。输入一个正值将顺时针扭转；输入一个负值将逆时针扭转。

- **收缩和膨胀**：在将线段向内弯曲(收缩)时，将向外拉出矢量对象的锚点；在将线段向外弯曲(膨胀)时，向内拉入矢量对象的锚点。这两个选项都可相对于对象的中心点来拉出锚点。
- **波纹效果**：该命令可使对象产生或平滑或尖锐的波纹效果。
- **粗糙化**：可将矢量对象的路径段变形为各种大小的尖峰和凹谷的锯齿数组。可以使用绝对大小或相对大小设置路径段的最大长度。可以设置每英寸锯齿边缘的密度(细节)，并可在波形边缘(平滑)和锯齿边缘(尖锐)之间选择。
- **自由扭曲**：可以通过拖动 4 个角落任意控制点的方式来改变矢量对象的形状。

**知 识**

将文字转换为轮廓后，应用【扭曲和变换】子菜单中各种滤镜的效果如图 9-61 所示。

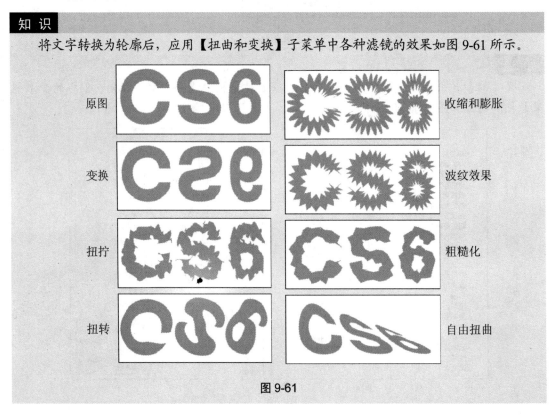

图 9-61

### 3. 栅格化

栅格化是将矢量图形转换为位图图形的过程。在栅格化过程中，Illustrator 会将图形路径转换为像素，设置的栅格化选项将决定结果像素的大小及特征。

选中图形，选择【效果】→【栅格化】命令，打开【栅格化】对话框，设置完成后单击【确定】按钮，可以将矢量图形转变为位图，如图 9-62 所示。

**知 识**

可以使用【对象】→【栅格化】命令或【栅格化】效果栅格化单独的矢量对象，也可以通过将文档导入为位图格式(如 JPEG、GIF 或 TIFF)的方式来栅格化整个文档。

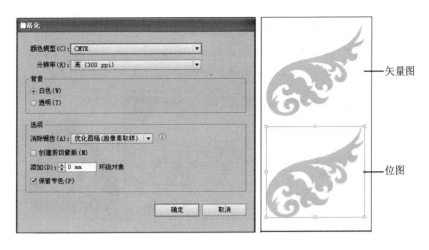

矢量图

位图

图 9-62

### 4. 风格化

【风格化】滤镜组包括【内发光】、【圆角】、【投影】、【外发光】、【投影】、【涂抹】和【羽化】7 个滤镜。

● **内发光**：选择【滤镜】→【风格化】→【内发光】命令，在弹出的【内发光】对话框中设置完成后单击【确定】按钮，添加滤镜前后的效果如图 9-63 所示。

图 9-63

知 识

在【内发光】对话框中可以通过【模式】下拉列表框控制图层的混合模式，并可以在【不透明度】参数栏中设置发光的透明度，在【模糊】参数栏中控制发光效果的模糊程度。图 9-64 为选择【中心】单选按钮的效果。

图 9-64

- **圆角**：可以将选定图形的所有类型的角改变为平滑点。选中图形，选择【滤镜】
  →【风格化】→【圆角】命令，打开【圆角】对话框，设置完成后单击【确定】
  按钮，添加滤镜前后的效果如图 9-65 所示。

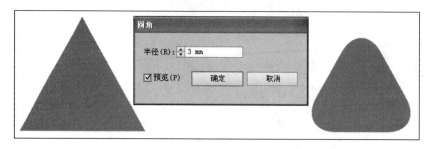

图 9-65

在【圆角】对话框中，【半径】参数越大，圆角效果越明显，如图 9-66 所示。

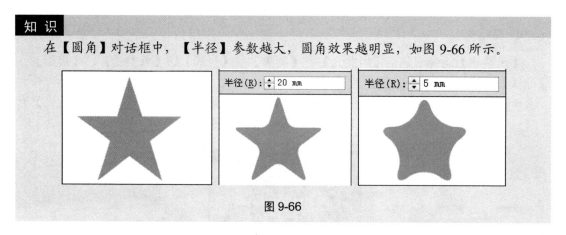

图 9-66

- **外发光**：同【内发光】效果相似，该效果可以创建出模拟外发光的效果，如图 9-67
  所示，用户可在【外发光】对话框中设置发光的颜色和效果。

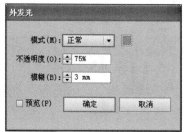

图 9-67

- **投影**：可以为选定的对象添加阴影。选择【滤镜】→【风格化】→【投影】命
  令，弹出【投影】对话框，如图 9-68 左图所示，设置完成后单击【确定】按钮，
  添加滤镜后的效果如图 9-68 右下图所示。
- **涂抹**：使用【涂抹】效果可以创建出类似彩笔涂画的视觉效果。执行【效果】→
  【风格化】→【涂抹】命令，打开【涂抹选项】对话框，添加滤镜前后的效果如
  图 9-69 所示。

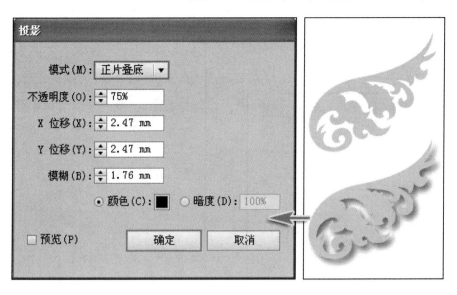

图 9-68

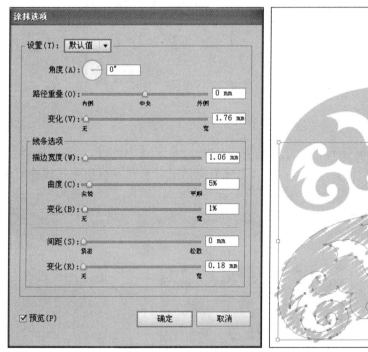

图 9-69

知 识

在【涂抹选项】对话框中的【设置】下拉列表框中预设了多种不同的效果可供选择，用户也可以通过【设置】下面众多的选项进行调整，创建出自己所喜欢的涂抹效果，如图 9-70 所示。

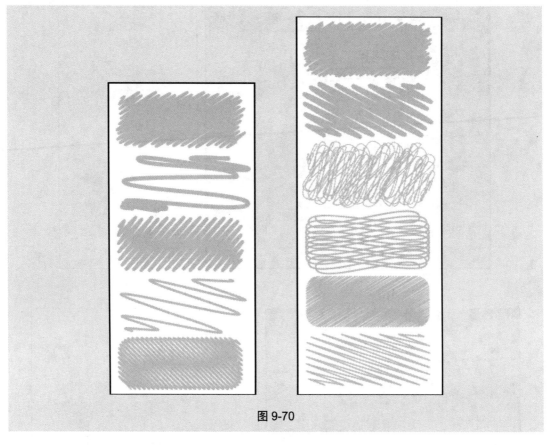

**图 9-70**

- **羽化**：【羽化】滤镜可以为选定的路径添加箭头。选中路径，选择【滤镜】→【风格化】→【羽化】命令，打开【羽化】对话框。设置完成后单击【确定】按钮，添加滤镜前后的效果如图 9-71 所示。

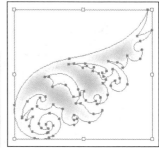

**图 9-71**

## 03 为位图图像添加 Photoshop 效果

Photoshop 效果包括 10 个滤镜组，每个滤镜组又包括若干个滤镜。下面介绍【效果画廊】及常用的位图滤镜效果。

## 1. 效果画廊

通过【效果画廊】对话框，可以同时应用多个滤镜，并且可以预览滤镜效果或删除不需要的滤镜。选择【滤镜】→【效果画廊】命令，弹出如图 9-72 所示的对话框，如果要同时使用多个滤镜，可以在对话框的右下角单击【新建效果图层】按钮 ，对图形继续应用滤镜效果。

图 9-72

## 2.【像素化】滤镜

【像素化】滤镜组包括【彩色半调】、【晶格化】、【点状化】、【铜版雕刻】4 个滤镜，可以将图形分块，就像由许多小块组成的一样。

- **彩色半调**：模拟在图形的每个通道上使用放大的半调网屏的效果。对于每个通道，滤镜将图形划分为许多矩形，然后用圆形替换每个矩形。圆形的大小与矩形的亮度成正比。对于灰度图形，只能使用通道 1；对于 RGB 图形，可以使用通道 1、2 和 3，这 3 个通道分别对应于红色通道、绿色通道与蓝色通道；对于 CMYK 图形，可以使用所有 4 个通道，这 4 个通道分别对应于青色通道、洋红色通道、黄色通道以及黑色通道。
- **晶格化**：将颜色集结成块，形成多边形。
- **点状化**：将图形中的颜色分解为随机分布的网点，如同点状化绘画一样，并使用背景色作为网点之间的画布区域。
- **铜版雕刻**：将图形转换为黑白区域的随机图案或彩色图形中完全饱和颜色的随机图案。

知 识

应用【像素化】滤镜组中的滤镜后的效果如图 9-73 所示。

晶格化

原图

点状化

彩色半调

铜版雕刻

图 9-73

### 3.【扭曲】滤镜

【扭曲】滤镜组包括【扩散亮光】、【海洋波纹】、【玻璃】3 个滤镜，可以将图形进行几何扭曲。

- **扩散亮光：**将透明的白色颗粒添加到图形上，并从选区的中心向外渐隐亮光。
- **海洋波纹：**将随机分隔的波纹添加到图形上，使图形看上去像在水中一样。
- **玻璃：**产生透过不同类型的玻璃观看图形的效果。可以选择一种预设的玻璃效果，也可以使用 Photoshop 文件创建自己的玻璃面。

知 识

应用【扭曲】滤镜组中的滤镜后的效果，如图 9-74 所示。

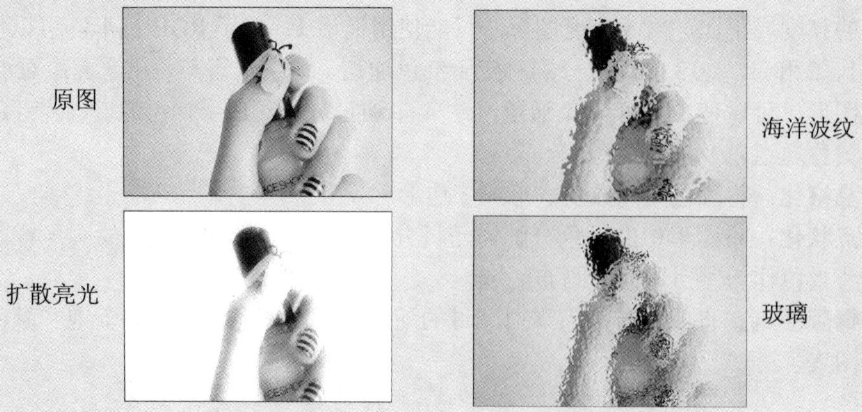

原图

海洋波纹

扩散亮光

玻璃

图 9-74

4. 【模糊】滤镜

【模糊】滤镜组包括【径向模糊】、【特殊模糊】、【高斯模糊】3 个滤镜，【模糊】滤镜一般用于平滑边缘过于清晰和对比度过于强烈的区域，通过降低对比度柔化图形边缘。【模糊】滤镜通常用于模糊图形背景，突出前景对象，或创建柔和的阴影效果。

- **径向模糊：** 此滤镜可以将图形旋转成圆形，或使图形从中心向外辐射，效果如图 9-75 所示。要沿同心圆环线模糊，应选择【旋转】选项，然后要指定一个旋转角度；要沿径向线模糊，应选择【缩放】选项，模糊的图形线条就会从图形中心点向外逐渐放大，然后需指定介于 1～100 之间的缩放值。通过拖移【中心模糊】框中的图案，可以指定模糊的原点。

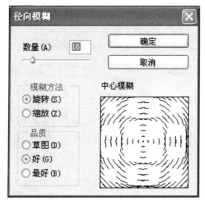

图 9-75

知 识

【径向模糊】滤镜中模糊的品质分为【草图】、【好】和【最好】三等：【草图】的速度最快，但结果往往会颗粒化；【好】和【最好】都可以产生较为平滑的结果，但如果不是选择一个较大的图像，后两者之间的效果差别并不明显。图 9-76 所示为选择【草图】单选按钮的效果。

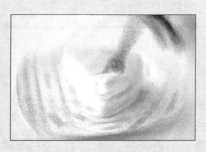

图 9-76

- **特殊模糊：** 此滤镜可以创建多种模糊效果，可以将图形中的折皱模糊掉，或将重叠的边缘模糊掉。选中图形，选择【滤镜】→【模糊】→【特殊模糊】命令，打开【特殊模糊】对话框，设置完成后单击【确定】按钮，即可添加滤镜效果，如

图 9-77 所示。

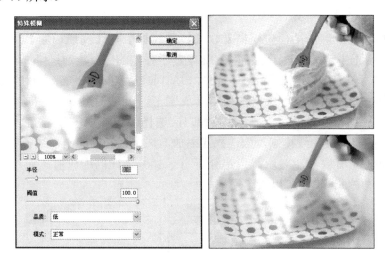

图 9-77

- **高斯模糊：** 此滤镜可以快速模糊选区，移去高频出现的细节，并产生一种朦胧的效果。选中图形，选择【滤镜】→【模糊】→【高斯模糊】命令，打开【高斯模糊】对话框，设置完成后单击【确定】按钮，即可添加滤镜效果，如图 9-78 所示。

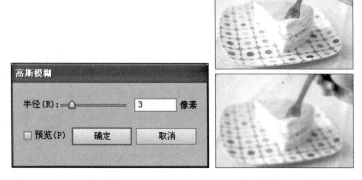

图 9-78

5. 【素描】滤镜

【素描】滤镜组可以模拟现实生活中的素描、速写等美术方法对图形进行处理。

- **便条纸：** 创建类似用手工制作的纸张构建的图形。
- **半调图案：** 在保持连续的色调范围的同时，模拟半调网屏的效果。
- **图章：** 可简化图形，使之呈现用橡皮或木制图章盖印的样子，用于黑白图形时效果最佳。
- **基底凸现：** 变换图形，使之呈现浮雕的雕刻状和突出光照下变化各异的表面。图形中的深色区域将被处理为黑色，而较亮区域则被处理为白色。

- **影印**：模拟影印图形的效果。大的暗区趋向于只复制边缘四周，而中间色调可以为纯黑色，也可以为纯白色。

- **撕边**：将图形重新组织为粗糙的撕碎纸片的效果，然后使用黑色和白色为图形上色。对于由文字或对比度高的对象所组成的图形效果更明显。

- **水彩画纸**：利用有污渍的、像画在湿润而有纹的纸上的涂抹方式，使颜色渗出并混合。

- **炭笔**：重绘图形，产生色调分离的、涂抹的效果。主要边缘以粗线条绘制，而中间色调用对角描边进行素描。炭笔被处理为黑色；纸张被处理为白色。

- **炭精笔**：在图形上模拟浓黑和纯白的炭精笔纹理。炭精笔滤镜对暗色区域使用黑色，对亮色区域使用白色。

- **石膏效果**：对图形进行类似石膏的塑模成像，然后使用黑色和白色为结果图形上色。暗区凸起，亮区凹陷。

- **粉笔和炭笔**：重绘图形的高光和中间调，其背景为粗糙粉笔绘制的纯中间调。阴影区域用对角炭笔线条替换。炭笔用黑色绘制，粉笔用白色绘制。

- **绘图笔**：使用纤细的线性油墨线条捕获原始图形的细节，使用黑色代表油墨、白色代表纸张来替换原始图形中的颜色。在处理扫描图形时的效果十分出色。

- **网状**：模拟胶片乳胶的可控收缩和扭曲来创建图形，使之在暗调区域呈结块状，在高光区域呈轻微颗粒化。

- **铬黄**：将图形处理成类似擦亮的铬黄表面。高光在反射表面上是高点，暗调是低点。

---

**知 识**

应用【素描】滤镜组中滤镜后的效果，如图 9-79 所示。

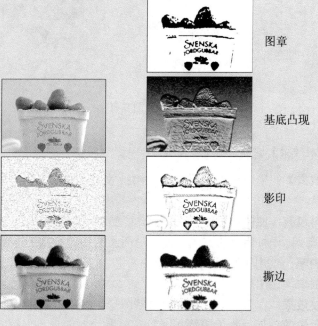

图 9-79

## 6. 【纹理】滤镜

【纹理】滤镜组可以在图形中加入各种纹理效果,赋予图形一种深度或物质的外观。

- **拼缀图**:使图形产生由若干方形图块组成的效果,图块的颜色由该区域的主色决定,可以随机减小或增大拼贴的深度,以复现高光和暗调。
- **染色玻璃**:使图形产生由许多相邻的单色单元格组成的效果,边框由填充色填充。
- **纹理化**:将所选择或创建的纹理应用于图形。
- **颗粒**:通过模拟不同种类的颗粒为图形添加纹理。
- **马赛克拼贴**:使图形看起来像是由小的碎片或拼贴组成,然后在拼贴之间添加缝隙。
- **龟裂缝**:根据图形的等高线生成精细的纹理,应用此纹理可使图形产生浮雕的效果。

**知 识**

应用【纹理】滤镜组中的滤镜后的效果,如图 9-80 所示。

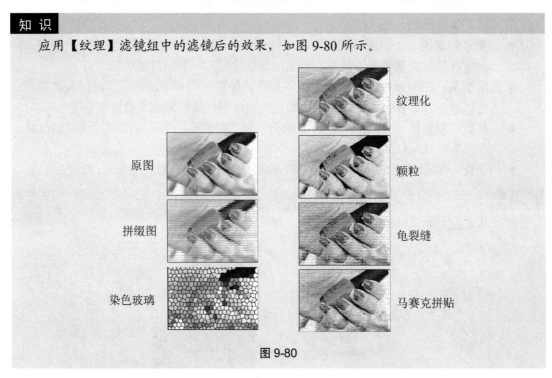

图 9-80

## 7. 【艺术效果】滤镜

【艺术效果】滤镜组可以为照片添加绘画效果,为精美艺术品或商业项目制作绘画效果或特殊效果。

- **塑料包装**:使图形好像罩了一层光亮塑料,以强调表面细节。
- **壁画**:以一种粗糙的方式,使用短而圆的描边绘制图形。
- **干画笔**:使用干画笔技巧(介于油彩和水彩之间)绘制图形边缘。通过降低其颜色范围来简化图形。
- **底纹效果**:在带纹理的背景上绘制图形,然后将最终图形绘制在该图形上。
- **彩色铅笔**:使用彩色铅笔在纯色背景上绘制图形。保留重要边缘,外观呈粗糙阴影线,纯色背景色透过比较平滑的区域显示出来。

- **木刻**：将图形描绘成好像是由从彩纸上剪下的边缘粗糙的剪纸片组成的。高对比度的图形看起来呈剪影状，而彩色图形看上去是由几层彩纸组成的。

- **水彩**：使用蘸了水和颜色的中号画笔绘制水彩风格的图形。当边缘有显著的色调变化时，此滤镜会使颜色更饱满。

- **海报边缘**：根据设置的海报化选项值减少图形中的颜色数，然后找到图形的边缘，并在边缘上绘制黑色线条。图形中较宽的区域将带有简单的阴影，而细小的深色细节则遍布图形。

- **海绵**：创建颜色对比强烈、纹理较重的图形效果，使图形看上去好像是用海绵绘制的。

- **涂抹棒**：使用短的对角描边涂抹图形的暗区以柔化图形。亮区变得更亮，并失去细节。

- **粗糙蜡笔**：使图形看上去好像是用彩色蜡笔在带纹理的背景上描出的。在亮色区域，蜡笔看上去很厚，几乎看不见纹理；在深色区域，蜡笔似乎被擦去了，使纹理显露出来。

- **绘画涂抹**：可以选择各种大小和类型的画笔来创建绘画效果。画笔类型包括简单、未处理光照、暗光、宽锐化、宽模糊和火花。

- **胶片颗粒**：将平滑图案应用于图形的暗调色调和中间色调，将一种更平滑、饱和度更高的图案添加到图形的较亮区域。

- **调色刀**：减少图形中的细节以生成描绘得很淡的画布效果，可以显示出其下面的纹理。

- **霓虹灯光**：为图形中的对象添加各种不同类型的灯光效果。在为图形着色并柔化其外观时，此滤镜非常有用。若要选择一种发光颜色，单击发光框，并从拾色器中选择一种颜色。

**知 识**

应用【艺术效果】滤镜组中的滤镜后的效果，如图 9-81 所示。

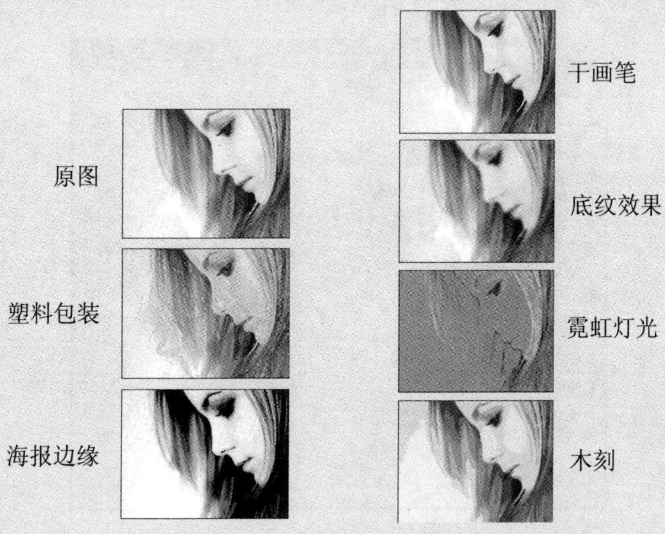

原图

干画笔

塑料包装

底纹效果

海报边缘

霓虹灯光

木刻

图 9-81

## 04　使用 3D 效果

在 Illustrator 中，可以将所有的二维形状、文字转换为 3D 形状。在 3D 选项对话框中，可以改变 3D 形状的透视、旋转，并添加光亮和表面属性。另外，也可以随时重新编辑 3D 参数，并可即时观察到产生的变化，如图 9-82 所示。

添加 3D 效果后，该效果会在【外观】面板上显示出来，和其他外观属性一样，用户也可以编辑 3D 效果，如可以在面板叠放顺序中改变它的位置、复制或删除该效果。另外，还可以将 3D 效果存储为可重复使用的图形样式，以便在以后可以对许多对象应用此效果，如图 9-83 所示。

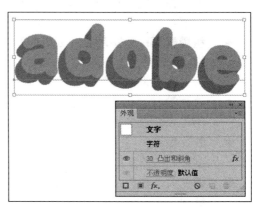

图 9-82　　　　　　　　　　　　　　　图 9-83

### 1. 凸出和斜角

要创建 3D 效果，首先应创建一个封闭路径，该路径可以包括一个描边、一个填充或二者都有。选中对象后执行【效果】→3D→【凸出和斜角】命令，可以打开【3D 凸出和斜角选项】对话框进行设置，如图 9-84 所示。

图 9-84

知识

【3D 凸出和斜角选项】对话框中的各项参数介绍如下。

● 凸出厚度：可设置 2D 对象需要被挤压的厚度，如图 9-85 所示。

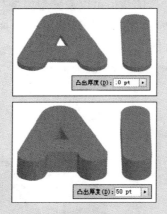

图 9-85

● 端点：单击【开启端点以建立实心外观】按钮 ⬤ 后，可以创建实心的 3D 效果；单击【关闭端点以建立空心外观】按钮 ⬤ 后，可创建空心外观，如图 9-86 所示。

图 9-86

● 斜角：Illustrator 提供了 10 种不同的斜角样式供用户选择，还可以在后面的参数栏中设置数值，来定义倾斜的高度值，如图 9-87 所示。

图 9-87

### 2. 绕转

通过绕 Y 轴旋转对象，可以创建 3D 绕转对象，和填充对象相同，实心描边也可以实现。旋转路径后，执行【效果】→3D→【绕转】命令，在【3D 绕转选项】对话框中的【角度】参数栏中输入 1~360 度的数值可以设置想要将对象旋转的角度，或通过滑块来设置角度。一个被旋转了 360 度的对象看起来是实心的，而一个旋转角度低于 360 度的对象会呈现出被分割开的效果，如图 9-88 所示。

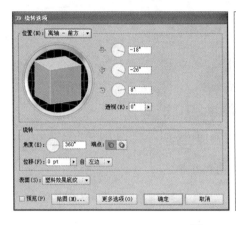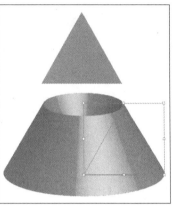

图 9-88

### 3. 旋转

执行【效果】→3D→【旋转】命令，打开【3D 旋转选项】对话框，可以设置旋转 2D 和 3D 的形状。可以从【位置】选项组中选择预设的旋转角度，或在 X、Y、Z 参数栏中输入-180~180 之间的数值，控制旋转的角度。

如果想手动旋转对象，可以移动鼠标到立方体或后面的黑色背景上单击并拖动。如果移动鼠标到立方体上一个表面的边缘，鼠标指针会变为双箭头显示，并且鼠标指针所在位置的边缘变为高亮显示。当变为绿色时，单击鼠标可让立方体围绕 Y 轴旋转；当变为红色时，单击鼠标可让立方体围绕 X 轴旋转；当变为蓝色时，单击鼠标可让立方体围绕 Z 轴旋转。如图 9-89 所示为调整旋转参数后的图形效果。

图 9-89

### 4. 增加透视变化

在【3D 凸出和斜角选项】对话框中，可以通过更改【透视】参数栏的数值，为添加 3D 效果的对象增加透视变化。小一点的数值，模拟相机远景的效果，大一点的数值模拟相机广角的效果。

> **知 识**
>
> 在【3D 凸出和斜角选项】对话框中设置不同【透视】值的旋转效果，如图 9-90 所示。

图 9-90

### 5. 表面纹理

Illustrator 提供了很多选项可以为 3D 对象添加底纹和灯光效果。【3D 凸出和斜角选项】对话框中的【表面】下拉列表框中包含 4 个选项，如图 9-91 所示。

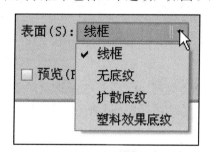

图 9-91

> **知 识**
>
> 在【3D 凸出和斜角选项】对话框中的【表面】下拉列表框中选择各选项产生的效果如图 9-92 所示。
>
> - 线框：选中该选项后，对象将以线框方式的立体效果显示。
> - 无底纹：选中该选项后，将产生无差别化的表面平面效果。
> - 扩散底纹：选中该选项后，产生的视觉效果是有柔和的光线投射到对象表面。
> - 塑料效果底纹：该选项会使添加 3D 效果的对象产生模拟发光、反光的塑料效果。

线框效果

无底纹效果

扩散底纹效果

塑料效果底纹效果

图 9-92

当选择【扩散底纹】或是【塑料效果底纹】选项后，可以通过调整照亮对象的光源方向和强度，来进一步完善对象的视觉效果。单击【更多选项】按钮，可以完全展开对话框，然后用户可以改变【光源强度】、【环境光】、【高光强度】等参数设置，创建出无数个变化方案，如图 9-93 所示。

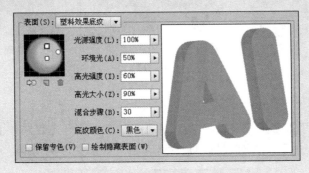

图 9-93

### 6. 添加贴图

Illustrator 可以将艺术对象映射到 2D 或是 3D 形状的表面。单击【3D 凸出和斜角选项】或是【3D 绕转选项】对话框中的【贴图】按钮，可以打开【贴图】对话框，如图 9-94 所示。

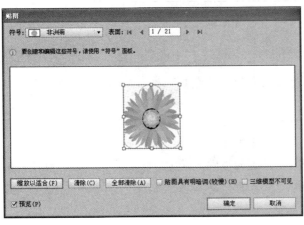
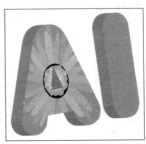

图 9-94

在具体操作时，首先通过单击【表面】右侧的箭头按钮，选择需要添加贴图的面，然后在【符号】下拉列表中选择一个选项，将其应用到所选的面上，通过在预览框中拖动控制柄调整贴图的大小、位置和旋转方向。用户可以自定义一个贴图，将其添加到【符号】面板中，然后通过【贴图】对话框应用到对象的表面。

# 独立实践任务　1 课时

### 设计制作音乐网站图标

**任务背景**

某电子运营商近期推出一款供音乐爱好者制作和编辑音乐的软件，委托本公司为该软件设计软件图标。

**任务要求**

图标要简洁、时尚、识别性强。

**任务分析**

玫红一直是潮流时尚的代言色，一直以来颇受广大女性的喜爱，提取钢琴元素作为音乐的代言，两者巧妙结合，可以使图标看起来魅惑迷人。

**任务参考效果图**

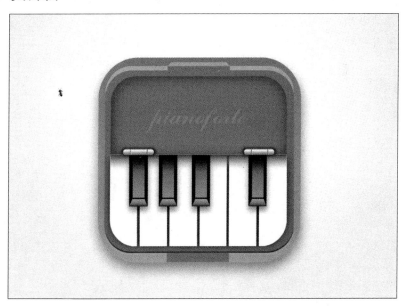

# 习　题

(1)【效果】菜单中的 Photoshop 效果_____应用到图形对象上。

　　A．可以　　　　　　　　　　　　B．不可以

(2) 在【效果】的 3D 菜单下，包括_____、_____和_____三个命令。

    A. 凸出和斜角                    B. 绕转

    C. 旋转                            D. 翻转

(3) 在为矢量图形添加【效果】菜单中的滤镜时，在_____中可以观察到对象原来的形状。

    A. 【预览】视图             B. 【轮廓】视图

    C. 【像素预览】视图      D. 【叠印预览】视图

(4) 在【变形】子菜单下，共有_____变形命令。

    A. 13 个                      B. 14 个

    C. 15 个                      D. 16 个

(5) 在 Illustrator 效果中的【风格化】滤镜组中不包括_____命令。

    A. 添加箭头                 B. 投影

    C. 羽化                        D. 圆角

(6) 在【3D 凸出和斜角选项】对话框中，贴图中用到的图形来自于_____。

    A. 【色板】调板           B. 【符号】调板

    C. 【画笔】调板           D. 【描边】调板

(7) 在【画笔描边】滤镜组中包括_____不同的滤镜。

    A. 5 个                      B. 6 个

    C. 7 个                      D. 8 个

(8) 在所有的滤镜中，_____可使图像产生一种类似于浮雕的效果。

    A. 基底凸现                 B. 绘图笔

    C. 胶片颗粒                D. 铜版雕刻

# 模块 10  设计和制作户外广告
## ——打印与 PDF 文件制作

## 能力目标

1. 文件输出的应用
2. 可以自己输出和打印文件

## 软件知识目标

1. 掌握打印设置
2. 掌握输出设备的类别
3. 掌握基本的印刷术语

## 专业知识目标

1. 了解户外广告
2. 了解文件后期的制作

## 课时安排

2 课时(讲 1 课时，实践 1 课时)——(完成模拟制作任务和掌握入门知识 1 课时，完成独立实践任务 1 课时)

# 模拟制作任务  1 课时

## 设计制作户外广告

### 任务背景

暑期来临之际，某设计软件培训公司为扩大招生人数，委托本公司为其制作一款户外宣传广告，在学校教学楼进行张贴。

### 任务要求

画面清新、空间感强，运用位图和矢量图的结合，打造出能够展现 AI 软件独特魅力的空间感图像。

### 任务分析

该广告要突出的是一款设计类绘图软件 Illustrator，也就是 AI，作为一款矢量绘图软件，其功能非常强大。在画面的安排上，以立体化的文字为主体图案，通过构建一个虚幻的场景，来展示如何利用软件进行各种奇思妙想的设计和创作。

**本案例的难点**

创建 3D 文字是本实例的难点。首先使用【文字工具】创建文字，通过应用【3D 凸出和斜角】命令创建出 3D 文字，并在【外观】调板中对该效果进行多次修改以满足设计要求。

**点拨和拓展**

户外广告可以较好地利用消费者在户外活动的机会进行宣传，即使匆匆赶路的消费者也可能因对广告的随意一瞥而留下一定的印象，并通过多次反复而对某些商品留下较深印象。这些广告与市容浑然一体的效果，往往能使消费者非常自然地接受。

**任务参考效果图**

# 操作步骤详解

### 1. 新建文件并制作背景图像

(1) 执行【文件】→【新建】命令，创建一个新文件，如图 10-1 所示。

(2) 使用【矩形工具】创建与页面大小相同的矩形，设置其与页面中心对齐，并在

【渐变】调板中设置渐变颜色，如图 10-2 所示。

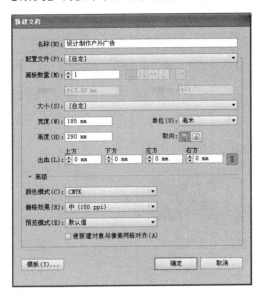

图 10-1

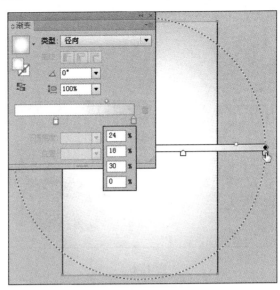

图 10-2

(3) 复制上一步创建的矩形，参照图 10-3 所示，继续在【渐变】调板中调整渐变颜色。

(4) 执行【文件】→【打开】命令，打开附带光盘中的"模块 10\云彩 01.psd、云彩 02.psd"文件，并将其拖至当前正在编辑的文档中，参照图 10-4 所示，调整图像的大小及位置。

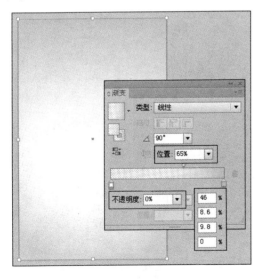

图 10-3

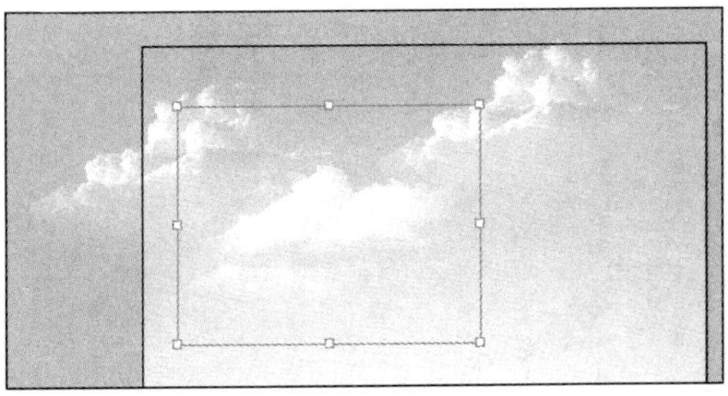

图 10-4

(5) 继续打开本章素材"树.psd"文件，将其拖至当前正在编辑的文档中，参照图 10-5 所示，调整图像的大小及位置。

（6）复制树图像，使用【镜像工具】垂直镜像图像，并调整其位置，如图 10-6 所示。

图 10-5　　　　　　　　　　　　　　　　　图 10-6

## 2. 创建 3D 文字

（1）参照图 10-7 所示，使用【文字工具】创建字母。

（2）选中字母"A"然后执行【效果】→3D→【凸出和斜角】命令，参照图 10-8 所示，在弹出的对话框中进行设置，然后单击【确定】按钮，创建 3D 文字。

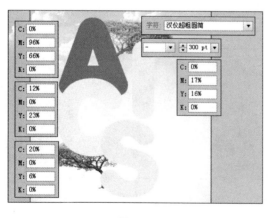

图 10-7　　　　　　　　　　　　　　　　　图 10-8

（3）使用前面介绍的方法，分别将剩下的文字转换为 3D 文字，效果如图 10-9 所示。

（4）使用【椭圆工具】绘制黑色椭圆，执行【效果】→【模糊】→【高斯模糊】命令，如图 10-10 所示，在弹出的对话框中进行设置，然后单击【确定】按钮，添加高斯模糊特效。

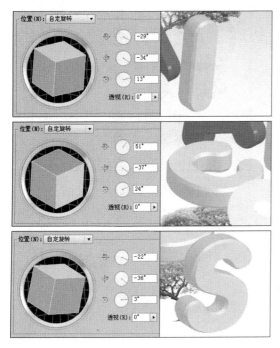

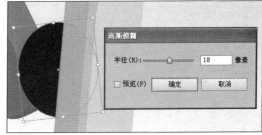

图 10-9　　　　　　　　　　　　　　　图 10-10

(5) 继续上一步的操作，参照图 10-11 所示，在【透明度】调板中调整图形的混合模式。

(6) 复制并移动上一步创建的图形，创建阴影效果，如图 10-12 所示。

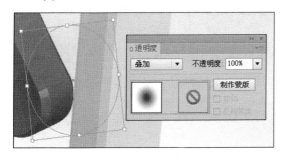

图 10-11　　　　　　　　　　　　　　　图 10-12

### 3. 创建 3D 图形

(1) 选中【圆角矩形工具】 然后在视图中单击，参照图 10-13 所示，在弹出的【圆角矩形】对话框中设置参数，然后单击【确定】按钮，创建圆角矩形，并将图形压扁。

(2) 选中圆角矩形，然后执行【效果】→3D→【绕转】命令，参照图 10-14 所示，在弹出的对话框中进行设置，然后单击【确定】按钮，创建 3D 效果图形。

(3) 使用前面介绍的方法，继续创建瓶颈部分，如图 10-15 所示。

(4) 继续创建圆角矩形并对其进行绕转，如图 10-16 所示。

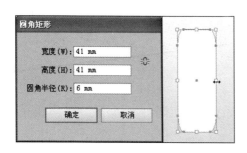

图 10-13

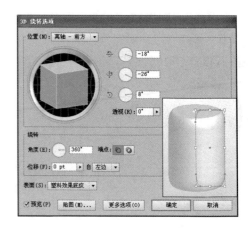

图 10-14

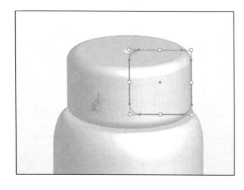

图 10-15

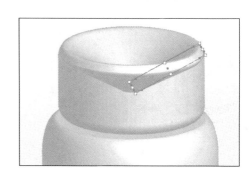

图 10-16

(5) 参照图 10-17 所示，使用【钢笔工具】绘制不规则图形，然后同时选中不规则图形和上一步创建的图形，右击并在弹出的快捷菜单中选择【创建剪切蒙版】命令，隐藏不规则图形区域以外的图形。

(6) 复制上一步创建的图形，更改不规则形状上锚点的位置，创建出瓶口效果，如图 10-18 所示。

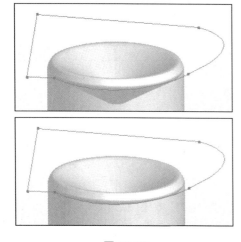

图 10-17

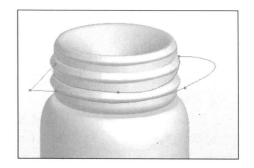

图 10-18

(7) 使用【矩形工具】绘制矩形，参照图 10-19 所示，使用【钢笔工具】配合【直接选择工具】调整锚点。

(8) 选中上一步创建的图形，在【透明度】调板中调整图形的混合模式，如图 10-20 所示。

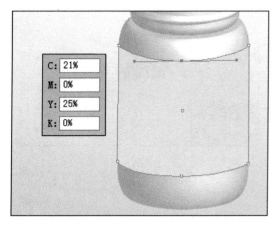

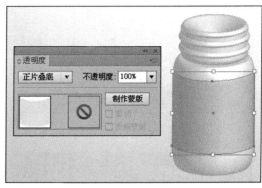

图 10-19　　　　　　　　　　　　　　图 10-20

(9) 使用【文字工具】创建文字，如图 10-21 所示。

(10) 使用【文字工具】在视图中输入文本，如图 10-22 所示。

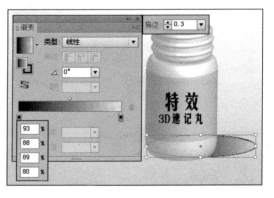

图 10-21　　　　　　　　　　　　　　图 10-22

(11) 选中上一步创建的图形，并为其添加高斯模糊特效，如图 10-23 所示。

(12) 参照图 10-24 所示，使用【钢笔工具】绘制白色曲线。

(13) 执行【3D 凸出和斜角】命令将上一步创建的图形转换为 3D 图形，如图 10-25 所示。

(14) 使用【椭圆工具】绘制白色正圆，如图 10-26 所示。

(15) 参照图 10-27 所示，为正圆添加 3D 绕转效果。

(16) 复制上一步创建的图形，并调整其旋转角度和位置，如图 10-28 所示。

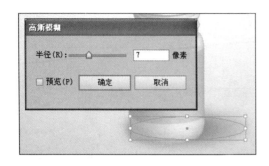

图 10-23

图 10-24

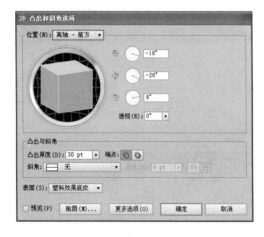

图 10-25

图 10-26

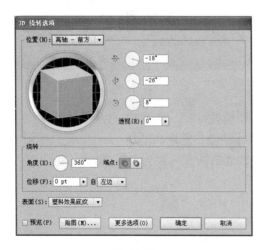

图 10-27

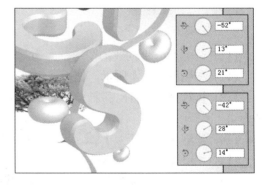

图 10-28

(17) 利用半圆路径的绕转创建出正圆立体图形，如图 10-29 所示。

(18) 单击【符号】调板底部的【符号库菜单】按钮，在弹出的菜单中选择【3D 符号】按钮，然后在弹出的调板中将立方体符号拖至当前文档，如图 10-30 所示。

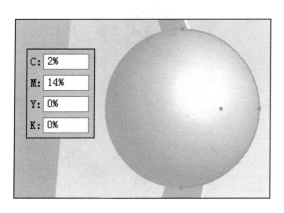

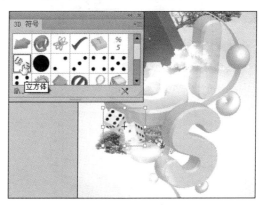

图 10-29　　　　　　　　　　　　　　　　图 10-30

(19) 绘制一个直径为 13mm 的正圆，双击【晶格化工具】，参照图 10-31 所示，在弹出的对话框中设置画笔，然后使用画笔在正圆上单击，将图形变形。

(20) 参照图 10-32 所示，为上一步创建的图形添加高斯模糊效果。

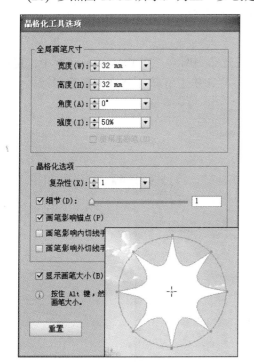

图 10-31　　　　　　　　　　　　　　　　图 10-32

(21) 使用【光晕工具】创建光晕效果，如图 10-33 所示。

(22) 创建与页面大小相同的矩形，创建剪切蒙版，隐藏矩形区域以外的图形，如图 10-34 所示。

图 10-33                                                图 10-34

# 知识点扩展

## 01  文件的打印

完成的设计作品，最终目的就是打印、印刷或发布到网络。在 Illustrator CS6 中，可以方便地进行打印设置，并可以在激光打印机、喷墨打印机中打印高分辨率彩色文档，还可以将页面导出为 PDF 格式的文件。

### 1. 打印设置

1)  常规

选择【文件】→【打印】命令，或按 Ctrl+P 快捷键，打开【打印】对话框，单击左边列表中的"常规"选项，对话框显示如图 10-35 所示。

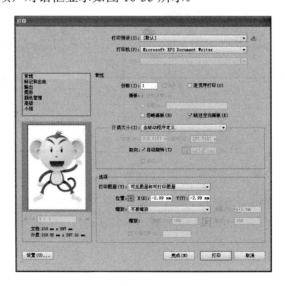

图 10-35

知 识

【打印】对话框中的【常规】选项介绍如下。

- PPD：PPD(PostScript Printer Description)描述文件包含有关输出设备的信息，其中包括打印机驻留字体、可用介质大小及方向、优化的网频、网角、分辨率以及色彩输出功能等。打印之前选择正确的 PPD 非常重要。
- 份数：输入要打印的份数，选中【逆页序打印】复选框，将从后到前打印文档。
- 大小：选择打印纸张的尺寸。
- 宽度、高度：设置纸张的宽度和高度。
- 取向：选择纸张打印的方向。
- 打印图层：选择要打印的图层，在下拉列表框中可以选择【可见图层和可打印图层】、【可见图层】或【所有图层】选项。
- 不要缩放：不对图像进行缩放。
- 调整到页面大小：使图像进行适合页面的缩放。
- 自定缩放：对图像进行自定义的缩放。

2)　标记和出血

单击左边列表中的【标记和出血】选项，对话框显示如图 10-36 所示。

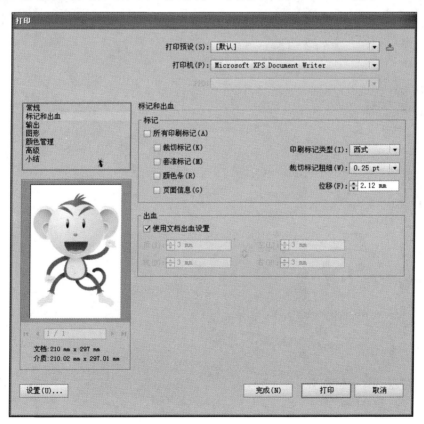

图 10-36

知 识

【打印】对话框中的【标记和出血】选项介绍如下。

- 所有印刷标记：打印所有的打印标记。
- 裁切标记：在被裁剪区域的范围内添加一些垂直和水平的线。
- 套准标记：用来校准颜色。
- 颜色条：一系列的小色块，用来描述 CMYK 油墨和灰度的等级，可以用来校正墨色和印刷机的压力。
- 页面信息：包含打印的时间、日期、网线、文件名称等信息。
- 印刷标记类型：有【西式】和【日式】两种。
- 裁切标记粗细：裁切标记线的宽度。
- 位移：指的是裁切线和工作区之间的距离。避免制图打印的标记在出血上，它的值应该比出血的值大。
- 出血：指定顶、底、左、右的出血值。

3) 输出

单击左边列表中的【输出】选项，对话框显示如图 10-37 所示。

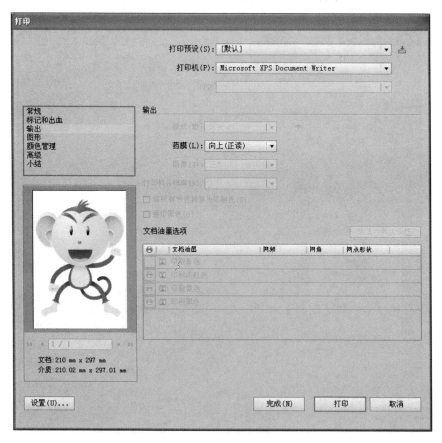

图 10-37

知 识

【打印】对话框中的【输出】选项介绍如下。

- 模式：设置分色模式。
- 药膜：设置药膜的方向，一般常见的是阴片向上，阳片向下。
- 图像：分正片和负片，正片即阳片，负片即阴片。通常的情况下，输出的胶片为负片，类似照片底片。
- 打印机分辨率：用于设置输出网线的数目。

4)　图形

单击左边列表中的【图形】选项，对话框显示如图 10-38 所示。

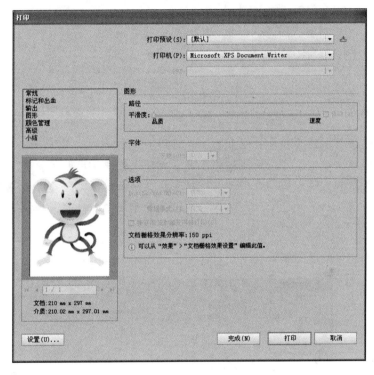

图 10-38

知 识

【打印】对话框中的【图形】选项介绍如下。

- 路径：当路径向曲线转换时，如果选择的是【品质】，那么会有很多细致线条的转换效果；如果选择的是【速度】，那么转换的线条的数目会很少。
- 下载：选择下载的字体。
- PostScript：选择 PostScript 兼容性水平。
- 数据格式：选择数据输出的格式。

5)　颜色管理

单击左边列表中的【颜色管理】选项，对话框显示如图 10-39 所示。

图 10-39

知识

【打印】对话框中的【颜色管理】选项介绍如下。

- 颜色管理：确定是在应用程序中还是在打印设备中使用颜色管理。
- 打印机配置文件：选择适用于打印机和将使用的纸张类型的配置文件。
- 渲染方法：确定颜色管理系统如何处理色彩空间之间的颜色转换。

6）　高级

单击左边列表中的【高级】选项，对话框显示如图 10-40 所示。

图 10-40

知识

【打印】对话框中的【高级】选项介绍如下。

- 打印成位图：把文件作为位图打印。
- 叠印：可以选择使用的叠印方式。
- 预设：可以选择【高分辨率】、【中分辨率】或【低分辨率】选项。

### 2. 输出设备

在输出时，考虑颜色的质量和输出的清晰度是十分重要的。打印机的分辨率通常是以每英寸多少点(dpi)来衡量的，点数越多，质量就越好。

1) 喷墨打印机

低档喷墨打印机是生成彩色图像最便宜的方式。这些打印机通常采用高频仿色技术，利用墨盒中喷出的墨水来产生颜色。高频仿色过程一般是采用青色、洋红色、黄色以及通常使用的黑色(CMYK)等墨水的色点图案来产生上百万种颜色。虽然许多新的喷墨打印机以 300dpi 的分辨率输出，但大多数的高频仿色和颜色质量都不太精确，因而不能提供屏幕图像的高精度输出。

知识

【打印】对话框中的【小结】选项介绍如下。

- 选项：用户在前面所做的设置在这里可以看到，以便进行确定和及时修改。
- 警告：如果会出现问题或冲突将在这里进行警告提示。

中档喷墨打印机所采用的技术提供了比低档喷墨打印机更好的彩色保真度。

高档喷墨打印机通过在产生图像时改变色点的大小来生成质量几乎与照片一样的图像。

2) 激光打印机

激光打印机分为黑白和彩色两种。彩色激光打印技术使用青、洋红、黄、黑色墨粉来创建彩色图像，其输出速度很快。

3) 照排机

主要用于商业印刷厂的图像照排机是印前输出中心使用的一种高级输出设备，其以1200～3500dpi 的分辨率将图像记录在纸或胶片上。印前输出中心可以在胶片上提供样张(校样)，以便精确地预览最后的彩色输出。然后图像照排机的输出被送至商业印刷厂，由商业印刷厂用胶片产生印板。这些印板可用在印刷机上以产生最终印刷品。

知识

喷墨打印机、激光打印机和照排机如图 10-41 所示。

图 10-41

### 3. 印刷术语

下面介绍一些常用的印刷术语。

- **拼版**：在印版上安排页面，将一些做好的单版组合排成一个完整的印刷版。
- **网点**：绘画作品或彩色照片都是用连续色调表现画面浓淡层次的，即色彩浓的地方色素堆积得厚一些，色彩淡的地方色素相应薄一些。印刷品利用网点的大小表现画面每个微小部位色彩的浓淡，大小不等的网点组成了各种丰富的层次。网点的形状有圆形、菱形、方形、梅花形等，网点的大小是决定色调厚薄的关键因素。网点有一定角度，即加网角度。如果加网角度不合适，很容易出现龟纹。网点的大小以线数来表示，线数简称 lpi，线数越多，网点越小，画面表现的层次就越丰富。报纸一般都采用 100lpi 印刷，而彩色画报、杂志等则采用 175lpi 印刷。
- **分色**：通常情况下，在印刷前都必须对文件进行分色处理，即将包含多种颜色的文件输出分离在青、品、黄、黑 4 个印版上。这里指的是传统的印刷，如果是数码印刷就不需要了。
- **套印**：彩色印刷是由 4 种基本色来完成的，青(C)、品红(M)、黄(Y)和黑(K)，简称 CMYK。套印是指印刷时要求各色版重叠套准，4 种色版的角线完全对齐，以确保印面色彩相互不偏位。
- **漏白与补漏白**：漏白是指印刷用纸多为白色，印刷或制版时，该连接的色不密合，露出白纸底色。补漏白是指分色制版时有意使颜色交接位扩张爆肥，以减少套印不准的影响。
- **制版**：又称为晒 PS 版，通常简称为晒版。它是一种预涂感光版，以铝为版基，上面涂有感光剂。
- **覆膜**：它是指在印品的表面覆盖一层 0.012～0.020mm 厚的透明塑料薄膜而形成一种纸塑合一的产品的加工技术。覆膜是印刷之后的一种表面加工工艺，又被人们称为印后过塑、印后裱胶或印后贴膜，一般来说，根据所用工艺可分为即涂膜、预涂膜两种，根据薄膜材料的不同分为亮光膜、亚光膜两种。覆膜工艺广泛应用于各类包装装潢印刷品，各种装订形式的书刊、本册、挂历、地图等，是一种很受欢迎的印品表面加工技术。
- **模切**：是指把钢刀片按设计图形镶嵌在木底板上排成模框，或者用钢板雕刻成模框，在模切机上把纸片轧成一定形状的工序，适合商标、盘面、瓶贴和标签等边缘呈曲线的印刷品成形加工。近年利用激光切割木底板镶嵌钢刀片，大大提高了模切作业的精度和速度。
- **凹凸压印**：不施印墨，只用凹模和凸模在印刷品或白纸上压出浮雕状花纹或图案的工艺，广泛用于书籍封皮、贺卡、标签、瓶贴及包装纸盒的装饰加工。
- **压痕**：利用压印钢线在纸片上压出痕迹或留下供弯折的槽痕。常把压痕钢线与模切钢刀片组合嵌入同一木底板上组成模切版，用于包装折叠盒的成形加工。
- **烫金(银)**：一种不用油墨的特种印刷工艺，即借助一定的压力与温度，运用装在烫印机上的模板，使印刷品和烫印箔在短时间内相互受压，将金属箔或颜料按烫印模板的图文转印到被烫印刷品表面。精致的书刊封皮、高档包装纸盒、贺卡、商标或封面等，多采取烫箔金(银)处理。

- **上光**：使用印刷机在印刷品表面涂敷一层无色透明涂料，如古巴胶、丙烯酸酯等，干后起到保护和增加印刷品光泽的作用。也有采用涂敷热塑性涂料后通过辊压使印刷品表面形成高光泽镜面效果的压光法的。图片、画册、高档商标、包装装潢及商业宣传品等经常进行上光加工。

- **粘胶**：用粘胶剂将印刷品某些部分连接形成具有一定容积空间的立体或半立体成品。粘胶分为手工粘胶和机械粘接两类，主要用于制作包装盒和手提袋等。

- **四色印刷**：彩色画稿或彩色照片，其画面上的颜色数有成千上万种。若要把这些颜色逐色地印刷，几乎是不可能的。印刷上采用的是四色印刷的方法，即先将原稿进行色分解，即分成青(C)、品红(M)、黄(Y)、黑(K)四色色版，然后在印刷时再进行色的合成。

- **单色印刷**：利用单版印刷，既可以是黑版印刷、色版印刷，也可以是专色印刷。专色印刷是指专门调制设计中所需的一种特殊颜色作为基色，通过一版印刷完成。单色印刷使用较为广泛，并且同样会产生丰富的色调，达到令人满意的效果。在单色印刷中，还可以用色彩纸作为底色，印刷出来的效果类似二色印刷，但又有一种特殊韵味。

- **双色/三色印刷**：在四版当中将其中的两版抽离，只用两版印刷，即二色印刷。可产生第三种颜色，如蓝色与黄色混合可以得到绿色，至于得到绿色的深浅度则完全依赖于蓝色与黄色之间网点的比例。图片也可通过某两种色版来印刷，以达到特殊色效果。也可以将四色版印刷中的一版抽离，保留三色版印刷。为了使画面效果清晰突出，往往三色中以颜色较重、调子较深的版作为主色。在设计中偶尔采用这样的印刷方式，将会产生一种新鲜的感觉。应用于对景物的环境、氛围、时间和季节的表现则可起到特殊的创意效果。

- **专色印刷**：在印刷时，不是通过印刷 C、M、Y、K 四色合成这种颜色，而是专门用一种特定的油墨来印刷该颜色。专色油墨是由印刷厂预先混合好或油墨厂生产的。对于印刷品的每一种专色，在印刷时都有专门的一个色版对应。使用专色可使颜色更准确。尽管在计算机上不能准确地表示颜色，但通过标准颜色匹配系统的预印色样卡，能看到该颜色在纸张上的准确颜色，如 Pantone 彩色匹配系统就创建了很详细的色样卡。

- **光泽色印刷**：主要是指印金或印银色，要制专色版，一般采用金墨或银墨印刷，或用金粉、银粉与亮光油、快干剂等调配印刷。通常情况下，印金或印银色最好铺底色，这是因为金墨或银墨直接印在纸张表面，会因为纸面吸油程度影响到金墨或银墨的光泽。一般来说，可根据设计要求选择某一色调铺底。如果要求金色发暖色光泽，可选用红色作为铺底色；反之，则可选择蓝色；若要既深沉又有光泽，可选择黑色铺底。

# 02　PDF 文件制作

随着科技的不断发展，产生了"无纸化办公"，便携文档格式(PDF)也应运而生，并且被广为使用，以简化文档交换、省却纸张流程。Adobe Acrobat 软件突破了文件电子管理系统的种种局限，将办公自动化提升到了真正的文件电子管理时代。

当制作完成一幅作品之后，选择【文件】→【存储为】命令，打开【存储为】对话框，如图 10-42 所示，在【保存类型】下拉列表框中选择 Adobe PDF(*.PDF)选项，然后单击【保存】按钮即可保存 PDF 文件。

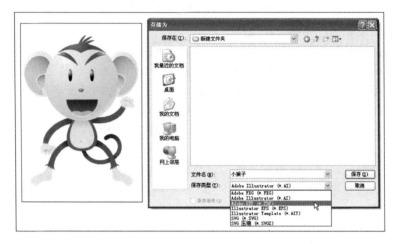

图 10-42

### 知识

PDF 文件具有以下特点。

- PDF 是一种"文本图像"格式，能保留源文件中字符、字体、版式、图像和色彩的所有信息。

- PDF 的文件尺寸很小，文件浏览不受操作系统、网络环境、应用程序版本、字体等限制，非常适宜网上传输，可通过电子邮件快速发送，也可传送到局域网服务器上，所以 PDF 是文件电子管理解决方案中理想的文件格式。

- 创建 PDF 文件就像许多应用程序中单击一个按钮那么简单。

- 通过 Acrobat 软件还可以对 PDF 文件进行密码保护，以防止其他人在未经授权的情况下查看和更改文件，还可让经授权的审阅者使用直观的批注和编辑工具。Acrobat 软件具有全文搜索功能，可对文档中的字词、书签和数据域进行定位，是文件电子管理审阅批注的最佳工具。

由于 PDF 文件具有极佳的互换性，因此在推出后几年内就成为网上出版的标准。除了直接交付外，PDF 还非常适合通过 E-mail 传送，或者放在网站上供人下载阅读。

## 独立实践任务　1 课时

### 设计制作玩具户外广告

#### 任务背景

某儿童玩具公司走趁圣诞之际推出优惠活动，为扩大宣传，委托本公司设计制作一批户外广告在大型商场进行悬挂展示。

**任务要求**

突出圣诞、狂欢的特点，作品格式为 PDF 文件，方便保留源文件中字符、字体、版式、图像和色彩的所有信息。

**任务分析**

画面采用冷暖色调对比，并采用动感的视图角度，绘制了一个人将许多玩具从口袋里倒了出来，寓意圣诞狂欢之意，也表示该玩具公司在此期间也将采用优惠的价格或是大量赠送礼品的方式助推节日气氛。

**任务参考效果图**

# 习　　题

(1) 在【打印】对话框的【常规】选项中，_____用于输入要打印的数量。

    A. 份数 　　　　　　　　　　　　B. 画板

    C. 逆页序打印 　　　　　　　　　D. 以上答案都不对

(2) 在【打印】对话框的【标记和出血】选项中，【页面信息】选项包括了_____。

    A. 文件尺寸

    B. 画板大小

    C. 打印的时间、日期、网线、文件名称等信息。

    D. 颜色信息

(3) 在【打印】对话框的【高级】选项中，【预设】下拉列表框中包括【高分辨率】、【中分辨率】、_____和【用于复杂图稿】4 个选项。

  A. 【无】        B. 【低分辨率】

  C. 【自定】        D. 【清晰度】

  (4) 打印机的分辨率通常是以每英寸多少点(dpi)来衡量的。点数_____，质量就越好。

  A. 越多         B. 越少

  C. 最大         D. 最小

  (5) _____是在印版上安排页面，将一些做好的单版组合排成为一个完整的印刷版。印刷版是对齐的页面组，对它们进行折叠、剪切和修整后，可以得到正确的堆叠顺序。

  A. 套印         B. 分色

  C. 网点         D. 拼版